LERNPLUS+

DIE LERNHILFE FÜRS GYMNASIUM

MATHEMATIK
7. SCHULJAHR

Schroedel

LERNPLUS+
Mathematik 7. Schuljahr

Autor:
Rolf Hermes hat langjährige Unterrichtserfahrung als Gymnasiallehrer für Mathematik und Physik in Nordrhein-Westfalen. Als Autor zahlreicher Lernhilfen vermittelt er Tipps und Methoden, wie Schülerinnen und Schüler ihre Probleme im Fach Mathematik überwinden können.

ISBN 978-3-507-**23158**-0

Druck [1] / Jahr 2009

Herstellung: Dirk von Lüderitz
Umschlaggestaltung und Layout: Janssen Kahlert Design & Kommunikation GmbH, Hannover
Illustrationen: Dieter Tonn, Bovenden-Lenglern
Redaktion und Satz: imprint, Zusmarshausen
Druck und Bindung: westermann druck GmbH, Braunschweig

Liebe Schülerin, lieber Schüler,

Lernplus hilft dir, die wichtigsten Inhalte des Mathematikunterrichts in der Jahrgangsstufe 7 zu wiederholen, zu üben und besonders die Themen zu trainieren, die erfahrungsgemäß viele Stolpersteine enthalten. Mit Lernplus kannst du deine Wissenslücken schließen.
Alle Kapitel sind überschaubar gegliedert und alle Regeln werden Schritt für Schritt erklärt, bevor du sie in den Übungen selbstständig anwendest.

Training plus fragt dein Wissen am Ende eines Kapitels noch einmal ab. Mithilfe der insgesamt 99 Testfragen kannst du gut überprüfen, wie sicher du die einzelnen Regeln beherrschst.

Den **Abschlusstest** nach jedem Kapitel bearbeitest du so wie eine Klassenarbeit. In den Lösungen findest du eine Punkteübersicht, mit der du deine Leistungen einschätzen kannst.

In Lernplus gibt es außerdem drei besondere Elemente:

Hier werden Formeln, Definitionen oder Festlegungen, die du dir merken solltest, verständlich zusammengefasst und anschaulich erklärt. Meist werden sie durch Beispiele ergänzt und erläutert.

Tipp

Hinweise, worauf du beim Lernen achten solltest oder wie du dir etwas besonders gut merken kannst, findest du bei den Tipps.

Info plus

Weißt du, woher der Begriff Prozent stammt oder was Aktienkurse mit mathematischen Funktionen zu tun haben? Für alle, die etwas mehr wissen wollen, bietet Info plus spannende Informationen oder Hintergründe.

Mithilfe der **Lösungen** im Anhang kannst du kontrollieren, ob du die Aufgaben richtig bearbeitet hast und wie viele Punkte du im Abschlusstest erzielt hast.

Wenn du im Buch nicht genügend Platz für die Bearbeitung der Übungen findest, schreibe die Lösungen bitte in ein Heft.

Viel Erfolg beim Üben und Besserwerden mit Lernplus wünscht dir

das **Lernplus-Team**

1 Prozentrechnung

In vielen Lebensbereichen ist die Prozentrechnung von großer Bedeutung. In einer Tageszeitung kannst du beispielsweise auf folgende Meldungen stoßen:

- **Die Bevölkerung Irlands ist 2006 um 1,1 % gewachsen.**
- **Neue Wurstsorte mit einem um 26 % reduzierten Fettanteil.**

Nur wer die Fachbegriffe und Formeln der Prozentrechnung beherrscht, kann verstehen, was hinter diesen Prozentangaben steht.

1.1 Relative Anteile und Prozentsätze

Definition

Dividiert man einen bestimmten Anteil (**Prozentwert W**) durch die zugehörige Gesamtheit (**Grundwert G**), so erhält man den **relativen Anteil** $r = \frac{W}{G}$.

Wird ein relativer Anteil so dargestellt, dass der Nenner dieses Bruches 100 beträgt, so kann man im Zähler die **Prozentzahl p** ablesen, d.h. $\frac{p}{100} = \frac{W}{G}$.

Der Bruch $\frac{p}{100}$ wird auch kurz als **Prozentsatz p %** bezeichnet: $p\,\% = \frac{p}{100}$.

Beispiel 1: In der Klasse 7a kommen 12 von 25 Schülerinnen und Schülern mit dem Bus. Wie viel Prozent sind das?

Mit $W = 12$ und $G = 25$ beträgt der relative Anteil der Fahrschüler $r = \frac{W}{G} = \frac{12}{25}$.

Wenn man hier mit 4 erweitert, folgt $\frac{12}{25} = \frac{12 \cdot 4}{25 \cdot 4} = \frac{48}{100}$. Die Prozentzahl lautet $p = 48$ und der entsprechende Prozentsatz beträgt $p\,\% = \frac{48}{100} = 48\,\%$.

Beispiel 2: In der Klasse 7b mit 27 Schülerinnen und Schülern kommen 12 zu Fuß.

$r = \frac{12}{27} = \frac{12:3}{27:3} = \frac{4}{9}$. Weil dieser Bruch nicht auf den Nenner 100 erweitert werden kann, verwandelt man ihn in eine (schriftliche) Divisionsaufgabe:

$\frac{4}{9} \rightarrow 4:9 = 0{,}444444\ldots = 0{,}\overline{4} = \frac{44{,}\overline{4}}{100}$. Die (gerundete) Prozentzahl lautet also $p = 44{,}\overline{4} \approx 44{,}4$ und der Prozentsatz entsprechend $p\,\% = 44{,}\overline{4}\,\% \approx 44{,}4\,\%$.

1 Bilde den relativen Anteil, bestimme Prozentzahl und Prozentsatz.

a) $G = 80;\ W = 16$ ______

b) $G = 200;\ W = 125$ ______

2 Fülle die Tabelle aus.

Prozentsatz	1 %	10 %		25 %		
relativer Anteil			$\frac{1}{5}$		$\frac{1}{2}$	$\frac{3}{4}$

3 Verwandle den Bruch in einen Prozentsatz und setze bei ☐ das passende Relationszeichen (<, = , >) ein. (c und d: Nebenrechnung im Heft)

a) $\frac{2}{5}$ = ____ ☐ ____ = 35 %

b) $\frac{9}{12}$ = ____ = ____ ☐ ____ = 78 %

c) 70 % ☐ $\frac{105}{150}$

d) 66 % ☐ $\frac{91}{140}$

4 Notiere die farbigen Flächenteile als relative Anteile und leite den entsprechenden Prozentsatz her (c: Nebenrechnung im Heft).

a)
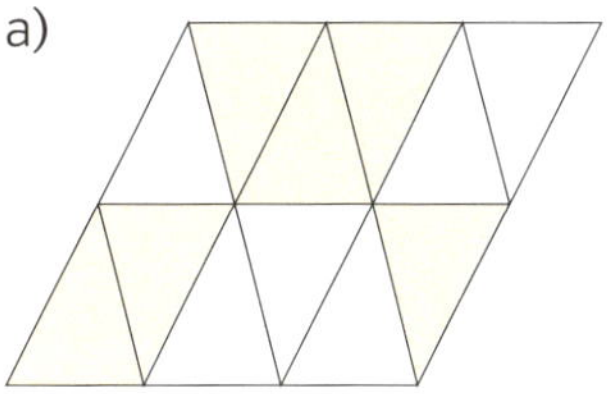

b)
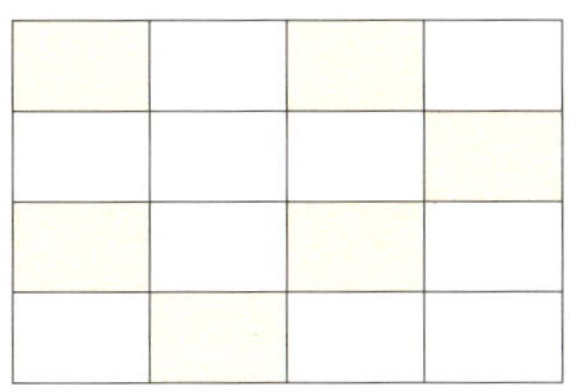

c)
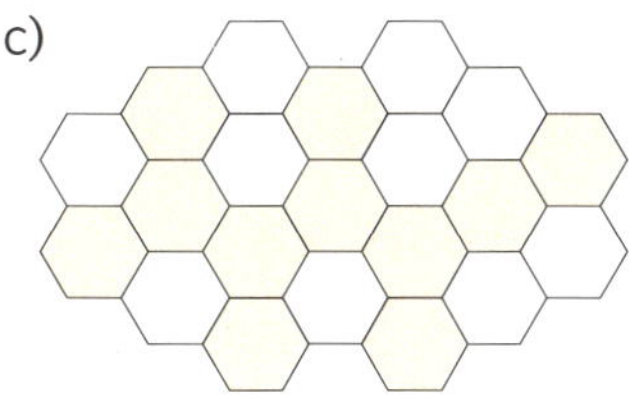

1.2 Prozentsatz bestimmen

Formel

Wird die Gleichung $\frac{p}{100} = \frac{W}{G}$ auf beiden Seiten mit 100 multipliziert, so erhält man die **Formel zur Bestimmung der Prozentzahl:** $p = \frac{W}{G} \cdot 100$.

Beispiel 3: Michael Schumacher, die Formel-1-Legende, nahm am 22.10.2006 zum Abschluss seiner Karriere als Rennfahrer zum 250. Mal an einem Grand Prix teil und konnte allein in dieser Kategorie auf 91 Siege zurückblicken.
Bei wie viel Prozent seiner Grand-Prix-Teilnahmen hat Schumacher gesiegt?

$G = 250$ und $W = 91$ einsetzen: $p = \frac{W}{G} \cdot 100 = \frac{91}{250} \cdot 100 = 36{,}4 \Rightarrow p\,\% = 36{,}4\,\%$

Auch mit der **Dreisatz-Rechnung** kommt man zum gleichen Ergebnis (links). Man erhält die Formel, wenn man die Buchstaben einsetzt (rechts).

:250	250	100	:250
·91	1	$\frac{100}{250}$	·91
	91	$\frac{100}{250} \cdot 91 = 36{,}4$	

:G	G	100	:G
·W	1	$\frac{100}{G}$	·W
	W	$\mathbf{\frac{100}{G} \cdot W = p}$	

5 Bestimme den Prozentsatz mithilfe der Formel.

a) $G = 48$; $W = 12$ ____________________

b) $G = 2{,}55$; $W = 0{,}85$ ____________________

c) $G = 2\frac{7}{9}$; $W = \frac{5}{6}$ ____________________

Merke

Prozentsätze von Größen

Auch aus Angaben mit Maßeinheiten kann man Prozentsätze berechnen. Dann müssen jedoch der Grund- und Prozentwert dieselbe Maßeinheit aufweisen!

Beispiel 4:

a) $G = 500\,m$; $W = 180\,m \rightarrow p = \frac{W}{G} \cdot 100 = \frac{180\,\cancel{m}}{500\,\cancel{m}} \cdot 100 = 36$; $p\,\% = 36\,\%$

b) $G = 500\,m$; $W = 180\,kg \rightarrow$ keine Berechnung möglich!

c) $G = 500\,m$; $W = 180\,cm \rightarrow$ um gleiche Maßeinheiten zu erhalten, rechnet man zunächst um: $180\,cm = 1{,}8\,m$; $p = \frac{1{,}8\,\cancel{m}}{500\,\cancel{m}} \cdot 100 = 0{,}36$; $p\,\% = 0{,}36\,\%$

6 Bestimme, wenn möglich, den Prozentsatz mithilfe der Formel im Heft.

a) $G = 2\,h$; $W = 1\,h\ 15\,min$

b) $G = 42{,}4\,km$; $W = 13{,}7\,kg$

c) $G = 0{,}75\,m^2$; $W = 375\,cm^2$

7 Schon seit längerem hält Anke Ausschau, ob sie für ihre ersparten 80 € einen bestimmten MP3-Player kaufen kann. Jetzt, nach der letzten Preissenkung, sieht sie die Gelegenheit gekommen.
Um wie viel Prozent wurde der Preis gesenkt?

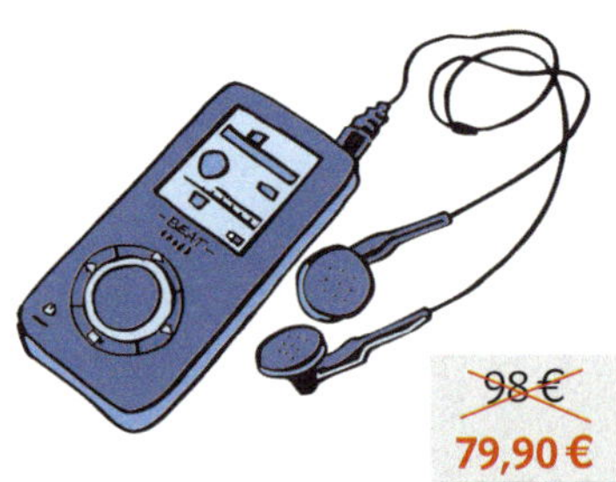

____

____

1.3 Prozentwert bestimmen

Formel

Wird die Gleichung $\frac{W}{G} = \frac{p}{100}$ auf beiden Seiten mit G multipliziert, so erhält man die **Formel zur Bestimmung des Prozentwertes:** $W = \frac{p}{100} \cdot G$.

Beispiel 5: Ein Erdkunde-Test besteht aus insgesamt 24 Fragen, die alle durch Ankreuzen von „ja" oder „nein" zu beantworten sind. Der Test gilt nur dann als bestanden, wenn mindestens 45 % der Fragen richtig beantwortet wurden. Wie viele Fragen müssen also mindestens zutreffend beantwortet werden?

Mit $G = 24$ und $p\,\% = 45\,\%$ führt die Formel auf: $W = \frac{p}{100} \cdot G = \frac{45}{100} \cdot 24 = 10{,}8 \approx 11$.

Eine Dreisatz-Rechnung bestätigt das Ergebnis und die Formel:

	100	24	
:100			:100
	1	$\frac{24}{100}$	
·45			·45
	45	$\frac{24}{100} \cdot 45 = 10{,}8$	

	100	G	
:100			:100
	1	$\frac{G}{100}$	
·p			·p
	p	$\mathbf{\frac{G}{100} \cdot p = W}$	

8 Gib sinnvoll gerundete Prozentwerte an.

a) $G = 612\,km^2$; $p\,\% = 18{,}5\,\%$

b) $G = 5\frac{3}{8}\,kg$; $p\,\% = 82{,}25\,\%$

9 Von den 64,5 Mio. Bundesbürgern über 14 Jahren gehen 64 % regelmäßig ins Internet. Wie viele Personen sind das?

10 In der Schulzeitung des Anna-Gymnasiums findet man das gezeigte Kreisdiagramm, das die Verteilung der insgesamt 927 Schülerinnen und Schüler auf die drei Stufen veranschaulicht. Wie viele Schülerinnen und Schüler sind in jeder Stufe?

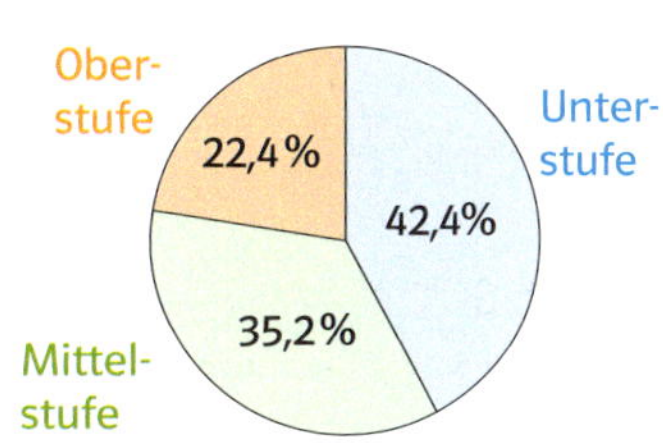

1.4 Grundwert bestimmen

Formel Wenn man auf beiden Seiten der Gleichung $\frac{W}{G} = \frac{p}{100}$ Zähler und Nenner vertauscht und anschließend beide Seiten mit W multipliziert, so erhält man die **Formel zur Bestimmung des Grundwertes: $G = \frac{100}{p} \cdot W$.**

Beispiel 6: Der Blauwal ist vom Aussterben bedroht. Diese Art wurde über nunmehr zwei Jahrhunderte uneingeschränkt gejagt und dadurch sehr dezimiert. Heute gibt es schätzungweise 5000 Blauwale, das sind lediglich noch 2 % des ursprünglichen Bestandes. Wie viele Blauwale lebten damals in den Weltmeeren?
$W = 5000;\ p\,\% = 2\,\% \Rightarrow G = \frac{100}{p} \cdot W = \frac{100}{2} \cdot 5000 = 250\,000$ (Wale)

11 Zeige für das Beispiel 6, dass sich das Ergebnis auch durch eine Dreisatz-Rechnung gewinnen lässt. Führe dann die Dreisatz-Rechnung auf allgemeinem Niveau (mit den Buchstaben) durch und bestätige so die Formel.

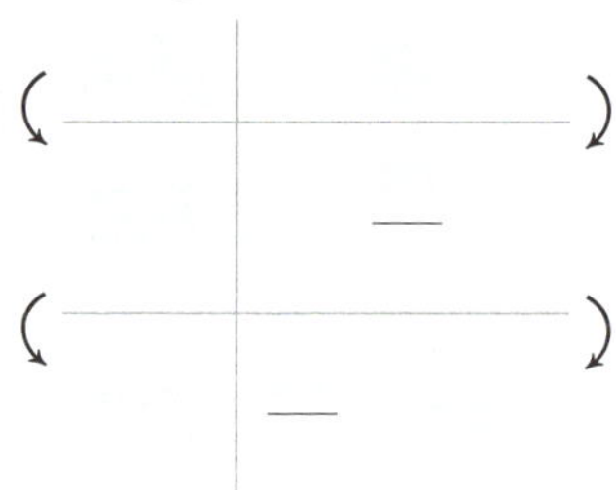

12 Bestimme den Grundwert (im Heft).

a) $W = 12;\ p\,\% = 30\,\%$ b) $W = 0{,}84;\ p\,\% = 43{,}7\,\%$ c) $W = 6\frac{3}{4}\,m;\ p = 10\frac{1}{8}\,\%$

13 Südafrikas Krügerrand-Münze hat einen Goldgehalt von 1 Unze (= 31,1 g) und gehört zu den beliebtesten Sammler-Münzen.
Wie viel kg Mineralerz müssen zur Herstellung einer einzigen Münze aus einer Mine gefördert werden, wenn der Goldgehalt des Gesteins bei 0,000 15 % liegt?

Info plus Der **Begriff „Prozent"** stammt aus der lateinischen bzw. italienischen Sprache und bedeutet wörtlich übersetzt „vom Hundert". Gemeint ist also, das Ganze mit 100 (%) gleichzusetzen und die fraglichen Anteile auf die Zahl 100 zu beziehen.

1.5 Prozentuale Änderungen

Merke

Prozentuale Änderungen liegen z.B. vor, wenn es heißt:
- „Erhöhe eine Größe **um** p%", d.h. „Erhöhe eine Größe **auf** (100 + p)%"
- „Vermindere eine Größe **um** p%", d.h. „Vermindere eine Größe **auf** (100 – p)%".

14 Zu Silvios Geburtstag erhöhten seine Eltern sein monatliches Taschengeld um 20% auf nunmehr 18€.

Wie viel betrug es vorher? ______________________

15 Bei der Regulierung eines Pkw-Schadens zahlt die gegnerische Haftpflichtversicherung zunächst nur den um die Mehrwertsteuer verminderten Schadensbetrag von 3193,28€. (Der Mehrwertsteuersatz beträgt 19%.) (Nebenrechnungen im Heft.)
Wie hoch ist der Schadensbetrag inklusive Mehrwertsteuer? ______________________

1.6 Promillerechnung

Formel

„Promille" bedeutet wörtlich „vom Tausend" und kommt dort zur Anwendung, wo nur sehr geringe Anteile vorkommen. Merke:

Gefragte Größe	Prozentrechnung	→	Promillerechnung
Prozent-/Promillesatz:	$p = \frac{W}{G} \cdot \mathbf{100}$	→	$p = \frac{W}{G} \cdot \mathbf{1000}$
Prozent-/Promillewert:	$W = \frac{p}{\mathbf{100}} \cdot G$	→	$W = \frac{p}{\mathbf{1000}} \cdot G$
Grundwert:	$G = \frac{\mathbf{100}}{p} \cdot W$	→	$G = \frac{\mathbf{1000}}{p} \cdot W$

16 Wer weder Anzeichen von Fahruntüchtigkeit zeigt noch in einen Unfall verwickelt ist, kann bei bis zu 0,5‰ Blutalkoholgehalt straffrei bleiben. Was hat ein Fahrer zu erwarten, in dessen Blutprobe von 4,5 cm^3 ein Alkoholanteil von 2,2 mm^3 nachgewiesen wird (Nebenrechnungen im Heft)? ______________________

17 Viele Schmuckstücke tragen zum Beleg ihrer Echtheit einen Stempel, der den Anteil des enthaltenen Edelmetalls angibt. So beträgt bei einem 150g schweren Goldarmband mit dem Stempel „585" der Goldanteil 585‰.

Wie viel Gramm Gold sind das? ______________________

1 Wie nennt man die Gesamtheit, die einer Prozentrechung zugrunde liegt?

____

2 Wie bezeichnet man in der Prozentrechnung die fraglichen Anteile an einer Gesamtheit? ______________________________

3 Wie berechnet man den relativen Anteil? Gib auch die Formel an.

____

4 Wie hängt die Prozentzahl mit dem relativen Anteil zusammen?

____

5 Wie hängen der Prozentsatz p % und die Prozentzahl p zusammen?

____

6 Mit welcher Formel berechnet man a) die **Prozentzahl**, b) den **Prozentwert** und c) den **Grundwert**?

____

7 Unter welcher Bedingung lassen sich aus Angaben mit Maßeinheiten Prozentsätze berechnen? ______________________________

8 Der Preis einer Ware wurde um 12 % auf nunmehr 56 € erhöht.
Wie viel Prozent entsprechen dann diese 56 €?

____

9 Bei sehr geringen Anteilen rechnet man nicht mit Prozent, sondern mit Promille. Notiere die Formeln für a) die Promillezahl, b) den Promillewert und c) den Grundwert.

____

10 Reines Gold wird härter, wenn man es mit Kupfer mischt. Mit welchem Goldstempel wird Schmuckgold versehen, das 415 ‰ Kupfer enthält?

____

1 Setze das passende Relationszeichen (<, = , >) ein. ___/4

a) $\frac{3}{4}$ ☐ 72 %   b) 625 ‰ ☐ $\frac{5}{8}$ c) 1,48 ☐ 49 %   d) 266 % ☐ $2\frac{2}{3}$

2 Bestimme den fehlenden Wert. (Nebenrechnung im Heft) ___/5

	a)	b)	c)	d)	e)
G	75		600	180	
W	25	0,8			$\frac{3}{40}$
p% / p‰		40 %	12,5 ‰	1,8 %	$2\frac{2}{5}$ ‰

3 Die Figuren stellen den angegebenen Prozentsatz dar. Ergänze zu 100 %. (Es sind verschiedene Lösungen möglich.) ___/6

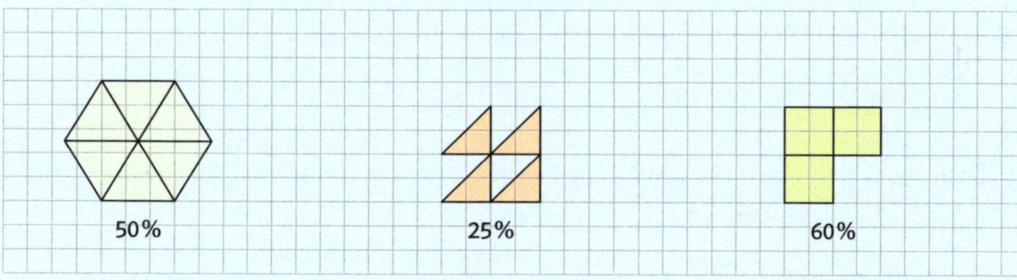

4 Im Jahresbericht einer deutschen Fluggesellschaft zeigt das nebenstehende Kreisdiagramm alle durchgeführten Flüge anteilig nach Zielregionen. An anderer Stelle liest man, dass alleine mit 2268 Flügen europäische Ziele angeflogen wurden. Berechne im Heft: ___/6

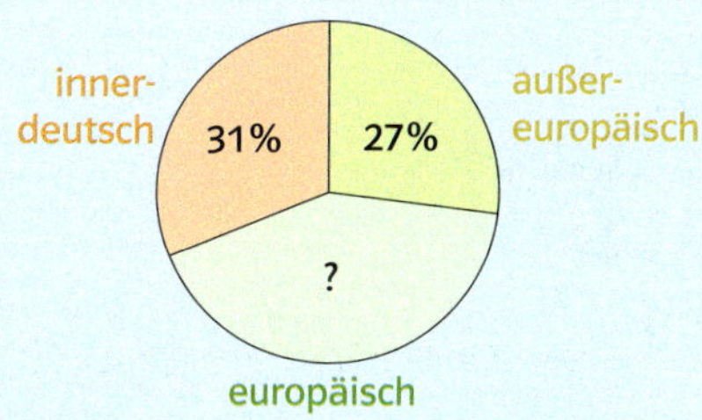

a) Wie viel Prozent aller Flüge hatten europäische Ziele?
b) Wie viele Flüge wurden insgesamt durchgeführt?
c) Wie viele Flüge steuerten innerdeutsche, bzw. außereuropäische Ziele an?

5 Familie Schröder hat für ihr Einfamilienhaus eine Wohngebäudeversicherung abgeschlossen, deren Beitrag sich als Promillesatz der Versicherungssumme berechnet. Durch einen Versicherungswechsel können Schröders den Promillesatz um 0,06 ‰ auf 0,62 ‰ und damit den Beitrag auf 223,20 € senken. Berechne im Heft: ___/4

a) Wie hoch ist die Versicherungssumme?
b) Wie hoch war der Beitrag vor dem Versicherungswechsel?

Gesamtpunktzahl ___/25

2 Zinsrechnung

Jeder, der ein Sparkonto hat, hat auch zwangsläufig mit den Problemstellungen der Zinsrechnung zu tun:

- **Wie viel Zinsen bekomme ich auf meine Ersparnisse nach einem Jahr?**
- **Wie viel müsste man sparen, um später von den Zinsen leben zu können?**
- **Wie viel Zinsen fallen in mehreren Jahren an?**

Die Zinsrechnung ist nichts anderes als ein Sonderfall der zuvor behandelten Prozentrechnung (→ Kapitel 1), angewendet auf Fragestellungen aus dem Bereich der Finanzmathematik. Wegen der weitreichenden praktischen Bedeutung dieses Bereiches haben sich allerdings eigene Fachbegriffe und Formeln herausgebildet, die sich ganz einfach aus der Prozentrechnung übertragen lassen:

Prozentrechnung			**Zinsrechnung**	
Grundwert	G	→	Kapital	K
Prozentwert	W	→	Jahreszinsen	Z
Prozentzahl/-satz	p / p%	→	Zinszahl/-satz	p / p%

2.1 Zinszahl oder Zinssatz berechnen

Formel

Berechnen der Zinszahl

Die aus der Prozentrechnung bekannte Formel $p = \frac{W}{G} \cdot 100$ lässt sich für die Zinsrechnung umschreiben zu $\mathbf{p = \frac{Z}{K} \cdot 100}$.
(K steht für das Kapital und Z für die Jahreszinsen.)

Beispiel 1: Carina stellt fest, dass ihr für ein Jahr festgelegtes Sparguthaben von 234,00 € nach Ablauf des Jahres Zinsen in Höhe von 9,85 € bringt.
Welcher Zinssatz wurde vereinbart?
$K = 234{,}00\,€;\ Z = 9{,}85\,€ \rightarrow p = \frac{Z}{K} \cdot 100 = \frac{9{,}85\,\not{€}}{234{,}00\,\not{€}} \cdot 100 \approx 4{,}2;\ p\,\% = 4{,}2\,\%$

1 Berechne die Zinssätze im Kopf und trage die Ergebnisse in die Tabelle ein.

Kapital K	100 €	400 €	120 €	2000 £	180 $
Jahreszinsen Z	3,65 €	10 €	6 €	140 £	7,20 $
Zinssatz p%					

2 Berechne die Zinssätze. 1 Euro soll dabei 1,50 US-Dollar kosten.

a) K = 765 €; Z = 40,55 €

b) K = 330,25 $; Z = 21,80 $

c) K = 645 $; Z = 16,34 €

3 Frau Neumann benötigt für den Kauf eines neuen Wagens noch 4500 €. Diesen Betrag könnte sie bereits nach einem Jahr zurückzahlen. Während die Hausbank einen Kleinkredit zu 5,2 % anbietet, würde sie von ihrem Bruder das Geld geliehen bekommen, wenn er nach einem Jahr 4750 € zurückbekäme.
Welches Angebot ist günstiger?

Info plus

Zinsen sind keine Erfindung unserer modernen Finanzwelt, es gibt sie nachweislich schon seit dem Altertum. Schon vor dem Gebrauch des Münzgeldes bekam derjenige, der anderen sein Korn verlieh, dieses nach der Ernte mit Zuschlägen von bis zu 50 % zurück. Dieser sogenannte **Naturalzins** war als Entschädigung für die eigene entgangene Ernte gedacht. Später, nach Einführung des Münzgeldes, dessen Wert ja durch seinen Gold- oder Silbergehalt gedeckt war, wurde für die Ausleihe ein **Geldzins** verlangt. Dadurch wurden dem Schuldner die Kosten auferlegt, die ansonsten mit der eigenen Münzschöpfung (Edelmetallgewinnung) verbunden gewesen wären. In der heutigen Finanzwelt ist der **Kreditzins** an seine Stelle getreten. Er bemisst sich nach der Höhe der mit der Geldverleihung verbundenen Risiken (z. B. dem Ausfallrisiko) und nach der Höhe des Ertrags, den der Geldgeber mit einer Anlage des jetzt verliehenen Geldes erzielt hätte. Wer aber die Notlage eines anderen ausnutzt und überhöhte Kreditzinsen ansetzt, der verlangt **Wucherzinsen** und macht sich dadurch strafbar!

2.2 Jahreszinsen berechnen

Formel

Berechnen der Jahreszinsen

Die aus der Prozentrechnung bekannte Formel $W = \frac{p}{100} \cdot G$ lässt sich für die Zinsrechnung umschreiben zu $\mathbf{Z = \frac{p}{100} \cdot K}$.
(K steht für das Kapital und p für die Zinszahl.)

Beispiel 2: Früher verbrieften Banken und Firmen, die sich am Kapitalmarkt eindeckten, ihre Anleihen (sogenannte Inhaber-Schuldverschreibungen) durch Urkunden, und zahlten den verbrieften Zins gegen Vorlage der beiliegenden Zinscoupons. Wer damals z.B. eine Anleihe der Berliner Bank im Wert von 1000 DM kaufte, dem wurden während der gesamten Laufzeit jährlich $8\frac{3}{4}$% Zinsen gezahlt.

$K = 1000\,DM;\; p = 8\frac{3}{4}\% \rightarrow Z = \frac{p}{100} \cdot K = \frac{8{,}75}{100} \cdot 1000\,DM = 87{,}50\,DM\;(= 44{,}74\,€)$

4 Berechne die Jahreszinsen im Kopf.

Kapital K	100 €	500 £	2000 $	370 €	1600 €
Jahreszinsen Z					
Zinssatz p %	4,9 %	6 %	5,5 %	3 %	$\frac{5}{8}$ %

5 Berechne die Jahreszinsen.

a) K = 4285 €; p % = 5,2 % __________

b) K = 72 500 €; p % = 8,4 % __________

6 Benno hat 500 € gespart und sucht nach einer günstigen Anlagemöglichkeit. Die A-Bank wirbt für eine 4-jährige Anlage mit dem Slogan „4 × 4,4 %" während die B-Bank einen 4-Jahres-Sparbrief mit gestaffelten Zinssätzen (1. Jahr: 3,5 %, 2. Jahr: 4,0 %, 3. Jahr: 4,6 %; 4. Jahr: 5,8 %) anbietet.
Wie sollte sich Benno entscheiden, wenn die jährlich ausgezahlten Zinsen nicht wieder angelegt werden? Berechne im Heft.

2.3 Kapital berechnen

Formel

Berechnen des Kapitals

Die aus der Prozentrechnung bekannte Formel $G = \frac{100}{p} \cdot W$ lässt sich für die Zinsrechnung umschreiben zu $K = \frac{100}{p} \cdot Z$.

(Z steht für die Jahreszinsen und p für die Zinszahl.)

Beispiel 3: Frau Glückberg erzählt im Kreis ihrer Freundinnen, dass sie im letzten Jahr einen größeren Lottogewinn gemacht und den Betrag zu 5 % angelegt habe. Auf die neugierige Frage nach der Höhe des Gewinns ziert sie sich jedoch und lässt lediglich durchblicken, dass sie nun ihre monatliche Rente von 1200 € aus den Zinserträgen des Gewinns um die Hälfte aufbessern kann …

Die jährlichen Zinseinkünfte aus dem Gewinn entsprechen der halben Jahresrente:

$Z = \frac{1}{2} \cdot 12 \cdot 1200\,€ = 7200\,€$

Mit $p\,\% = 5\,\%$ folgt dann der Gewinn: $K = \frac{100}{p} \cdot Z = \frac{100}{5} \cdot 7200\,€ = 144\,000\,€$

7 Berechne das Kapital im Kopf und trage die Ergebnisse in die Tabelle ein.

Kapital K					
Jahreszinsen Z	35,50 €	23 £	13,50 €	4,60 $	30 €
Zinssatz p %	10 %	5 %	2 %	0,5 %	1,5 %

8 Berechne das Kapital.

a) $Z = 72{,}46\,€$; $p\,\% = 5{,}7\,\%$ ______

b) $Z = 377{,}66\,€$; $p\,\% = 3{,}9\,\%$ ______

9 Familie Sommer musste zur Finanzierung ihres Eigenheims bei ihrer Hausbank ein Hypothekendarlehen zu 4,4 % aufnehmen und zahlt dafür jetzt monatlich Zinsen in Höhe von 220 €. Wie hoch war das Darlehen?

______

______

10 Dagobert Duck liebt sein Geld und seine Freude ist groß, als er die Jahreszinsen für eine seiner Geldanlagen in „Besitz" nimmt. Leider passt nicht alles in die verschließbare Truhe, so dass er noch 500 ED (Enten-Dollar) neben der Truhe stapelt und weitere 700 ED in Händen hält. Voller Stolz erzählt er seinen neugierigen Großneffen Tick, Trick und Track: „Die Truhe enthält $12\frac{1}{2}$-mal mehr Geld, als nicht mehr in sie hineinpasst. Wäre derjenige Teil, der nicht hineinpasst, der Jahreszins des Teils in der Truhe, so wäre die Verzinsung genau so hoch, wie die meiner Geldanlage."

a) Wie hoch ist der Zinssatz von Dagobert Ducks Geldanlage?

____

____

b) Wie hoch ist Dagobert Ducks Geldanlage?

____

____

Tipp

Die Zinsrechnung hat stets mit Geldbeträgen zu tun. Deshalb ist es bei der Bestimmung eines Zins- oder Kapitalbetrags stets sinnvoll, das **Ergebnis**, soweit erforderlich, auf **die zweite Dezimalstelle zu runden**.

2.4 Zeitanteilige Zinsen

Wird ein Geldbetrag nur für m Monate ($m = 1; \ldots; 11$) des Jahres angelegt oder geliehen, so werden hierfür auch nur zeitanteilige Zinsen Z_m gewährt oder verlangt. Sie stehen zu den Jahreszinsen Z im Verhältnis $m : 12$.

Formel

Zeitanteilige Zinsen: monatsweise Berechnung

Beträgt der Zeitraum der Verzinsung eines Kapitals K nur m Monate ($m = 1; \ldots; 11$), so gilt für die hierfür fälligen Zinsen Z_m die Verhältnisgleichung

$\frac{Z_m}{Z} = \frac{m}{12}$ und nach Multiplikation beider Gleichungsseiten mit Z folgt die Formel

$$Z_m = Z \cdot \frac{m}{12} = \frac{p}{100} \cdot K \cdot \frac{m}{12}.$$

Merke: Jeder **Bankmonat** wird einheitlich mit **30 Tagen** angesetzt.

Beispiel 4: Klaus kann, obwohl er schon über die Kaufsumme von 12 000 € verfügt, den gebrauchten Pkw seines Bruders erst Anfang September übernehmen. Daher geht er Anfang März zu seiner Hausbank und legt diesen Betrag bis Ende August zu 3,8 % fest an. Wieviel Zinsen fallen für diesen Zeitraum an?

$K = 12\,000\,€;\ p\,\% = 3{,}8\,\%;\ m = 6 \rightarrow Z_6 = \frac{p}{100} \cdot K \cdot \frac{m}{12} = \frac{3{,}8}{100} \cdot 12\,000\,€ \cdot \frac{6}{12} = 228\,€$

11 Eine Bank bietet für einen Sparbetrag von 2500 € je nach Anlagedauer gestaffelte Zinssätze an: 3,6 % bis zu 4 Monate, 4,0 % bis zu 8 Monate und 4,5 % bis zu 12 Monate. Welche Zinsen fallen für folgende Zeiträume an?

a) 1.2.08 bis 31.5.08

b) 1.3.08 bis 30.11.08

c) 1.10.07 bis 31.5.08

12 Alle mit einer Kreditkarte getätigten Zahlungen werden während des aktuellen Monats gesammelt und erst zu Beginn des Folgemonats vom eigenen Konto abgebucht. Familie Hansen kauft am 1.6. eine neue Couchgarnitur für 3450 € und bezahlt mit der Kreditkarte.

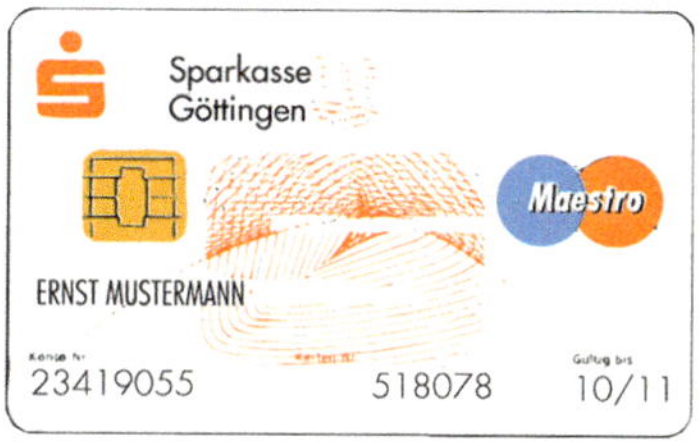

Welchen Zinsvorteil bringt diese Zahlungsweise, wenn dadurch das Ersparte noch einen Monat länger zu 4,2 % angelegt bleiben kann?

13 Frau Henke hatte zu Beginn des letzten Jahres 3000 € in einer Unternehmensanleihe angelegt, für die dann zum Jahresende Zinsen in Höhe von 187,50 € ausgezahlt wurden. Leider läuft diese Anleihe schon zum 31.07. diesen Jahres aus.

a) Mit welchem Zinsbetrag kann Frau Henke noch rechnen?

b) Welchen Zinssatz weist die Anleihe auf?

Wird ein Geldbetrag nur für t Tage (t = 1; …; 359) des Jahres angelegt oder geliehen, so werden hierfür die zeitanteiligen Zinsen Z_t gezahlt.
Sie stehen zu den Jahreszinsen Z im Verhältnis t : 360.

Formel

Zeitanteilige Zinsen: tageweise Berechnung

Beträgt der Zeitraum der Verzinsung eines Kapitals K nur t Tage (t = 1; …; 359), so gilt für die zeitanteiligen Zinsen Z_t die Verhältnisgleichung $\frac{Z_t}{Z} = \frac{t}{360}$ und nach Multiplikation beider Gleichungsseiten mit Z folgt die Formel

$$Z_t = Z \cdot \frac{t}{360} = \frac{p}{100} \cdot K \cdot \frac{t}{360}$$

Merke: Das **Bankjahr** umfasst 12 Bankmonate und besitzt deshalb
$12 \cdot 30 =$ **360 Banktage**.

Beispiel 5: Ein Geldmarktkonto bietet gegenüber einem Girokonto oder einem Sparbuch eine vergleichsweise bessere Verzinsung bei dennoch täglicher Verfügbarkeit über die gesamten Ersparnisse.
Herr Gilles zahlt am 17. März 2800 € auf ein Geldmarktkonto ein, das zurzeit 3,6 % Zinsen p.a. (pro annum = pro Jahr) verspricht, hebt den gesamten Betrag aber schon am 12. Juni wieder ab, weil er auf der Suche nach einem neuen PC mit Zubehör fündig geworden ist. Wie viel Zinsen bekommt er?

Anlagezeitraum:
13 Tage (im März) + $2 \cdot 30$ Tage (April und Mai) + 12 Tage (im Juni) = 85 Tage
$K = 2800\,€;\ p\,\% = 3{,}6\,\%;\ t = 85 \rightarrow Z = \frac{p}{100} \cdot K \cdot \frac{t}{100} = \frac{3{,}6}{100} \cdot 2800\,€ \cdot \frac{85}{360} = 23{,}80\,€$

14 Bestimme die fälligen Zinsen, wenn das Geldmarktkonto 3,4 % p.a. verspricht (Nebenrechnungen im Heft).

a) K = 6300 € vom 8.5. bis zum 22.9. ______

b) K = 786 € vom 19.5. bis zum 7.11. ______

c) K = 12 148 € vom 18.3. bis zum 17.12. ______

15 Bernd legt vom 12.1. bis zum 15.6. desselben Jahres 850 € auf einem Geldmarktkonto mit monatlich angepassten Zinssätzen an.
Berechne schrittweise die fälligen Zinsen im Heft.

Zeitraum	Zinssatz
1.1. bis 31.1.	3,6
1.2. bis 31.3.	3,8
1.4. bis 31.5.	3,7
1.6. bis 30.6.	3,9

2.5 Zinseszinsen

Wird ein Anfangskapital K_0 für n Jahre ($n \geq 2$) angelegt, so beschreibt man mit dem Begriff der **Zinseszinsen** den Effekt, dass die Jahreszinsen am Ende eines jeden Anlagejahres sofort dem Guthaben zugerechnet werden und dadurch mit in die Verzinsung der Folgejahre eingehen. Das Kapital wächst also am Ende des 1., 2., 3., …, n-ten Jahres auf die Werte $K_1, K_2, K_3, \ldots, K_n$ an und zwar insgesamt überproportional im Vergleich zur einfachen Verzinsung.

Beispiel 6: Das Anfangskapital von 1500 € wird 4 Jahre lang zu 4 % mit Zinseszinsen angelegt. Berechne das Endkapital und vergleiche mit dem Endkapital bei einfacher Verzinsung.

n	K_n	$Z_{n+1} = \frac{p}{100} \cdot K_n$	$K_{n+1} = K_n + Z_{n+1}$
0	$K_0 = 1500$ €	$Z_1 = \frac{p}{100} \cdot K_0 = \frac{4}{100} \cdot 1500$ € $= 60$ €	$K_1 = K_0 + Z_1 = 1500$ € $+ 60$ € $= 1560$ €
1	$K_1 = 1560$ €	$Z_2 = \frac{p}{100} \cdot K_1 = \frac{4}{100} \cdot 1560$ € $= 62{,}40$ €	$K_2 = K_1 + Z_2 = 1560$ € $+ 62{,}40$ € $= 1622{,}40$ €
2	$K_2 = 1622{,}40$ €	$Z_3 = \frac{p}{100} \cdot K_2 = \frac{4}{100} \cdot 1622{,}40$ € $= 64{,}90$ €	$K_3 = K_2 + Z_3 = 1622{,}40$ € $+ 64{,}90$ € $= 1687{,}30$ €
3	$K_3 = 1687{,}30$ €	$Z_4 = \frac{p}{100} \cdot K_3 = \frac{4}{100} \cdot 1687{,}30$ € $= 67{,}49$ €	$K_4 = K_3 + Z_4 = 1687{,}30$ € $+ 67{,}49$ € $= 1754{,}79$ €
4	$K_4 = 1754{,}79$ €	$Z_5 = \frac{p}{100} \cdot K_4 = \ldots$	

Der Zinseszinseffekt führt auf Mehreinnahmen von

$(60\text{ €} + 62{,}40\text{ €} + 64{,}90\text{ €} + 67{,}49\text{ €}) - 4 \cdot 60\text{ €} = 14{,}79\text{ €}$.

Die schrittweise Berechnung ist bei längeren Zeiträumen sehr aufwendig und kann folgendermaßen umgangen werden:

Formel

Wird ein Anfangskapital K_0 für n Jahre ($n \geq 2$) zum Zinssatz p % angelegt, so kann das mit Zinseszinsen auflaufende Endkapital mithilfe der Formel

$K_n = K_0 \cdot \left(1 + \frac{p}{100}\right)^n = K_0 \cdot q^n$ *direkt* berechnet werden.

Merke: Der Term $q = 1 + \frac{p}{100}$ heißt **Zinsfaktor** und ist in der Finanzmathematik von großer Bedeutung.

16 Monika möchte gerne wissen, auf welchen Betrag anfängliche 200 € bei 4,5 % nach 10 Jahren angewachsen sind. Rechne im Heft.

11 Wie lauten die entsprechenden Begriffe in der Zinsrechnung?

a) Grundwert G ______________________

b) Prozentwert W ______________________

c) Prozentzahl p ______________________

12 Mit welcher Formel berechnet man die Zinszahl? ______________________

13 Mit welcher Formel berechnet man das Kapital? ______________________

14 Wie lauten die Formeln zur Berechnung der Jahreszinsen und zur Berechnung zeitanteiliger Zinsen?

____

15 Was muss man bei der Berechnung von Zinsen in Bezug auf das Runden des Ergebnisses beachten?

____

16 Wie viele Tage hat ein Bankmonat und wie viele Tage hat ein Bankjahr?

____

17 Wie viele Tage sind es vom 23.3. bis zum 18.7. desselben Jahres?

____

18 Wenn ein Geldbetrag für mindestens zwei Jahre angelegt und die jährlich anfallenden Zinsen sofort dem Kapital zugerechnet werden, spricht man von

____

19 Was bedeuten die Variablen der Formel $K_n = K_0 \cdot q^n$?

____

____

20 Warum ist die Formel $K_n = K_0 \cdot q^n$ sehr praktisch?

____

1 Bestimme den fehlenden Wert (Nebenrechnungen im Heft). ___/5

K	450 €	1700 €		342,82$	
Z		51 €	63,75£		66,89 €
p %	8 %		8,5 %	$6\frac{1}{4}$ %	$9\frac{1}{8}$ %

2 In einem Kaufhaus entdeckt Frau Schauber genau den TV-Flachbildschirm, der auf ihrer Wunschliste ganz oben steht, für sagenhafte 895 €, alternativ auch zahlbar in 12 Monatsraten zu 79,50 €. ___/3

Welchen Zinssatz hätte ein vergleichbarer Konsumentenkredit?

____

____

3 Im Laufe der Jahre hat Herr Strunk eine ganz schöne Summe angespart und bei seiner Hausbank zu 4 % verzinslich angelegt. Jetzt trägt er sich mit dem Gedanken, zumindest für einen Teil seiner Ersparnisse eine Eigentumswohnung zu erwerben. Ein Makler bietet ihm eine vermietete Wohnung an, die zur Zeit eine monatliche (Kalt-)Miete von 380 € erbringt. ___/3

Bis zu welchem Kaufpreis wird Herr Strunk Interesse an diesem Angebot zeigen?

____

____

4 Ein Sparguthaben von 6400 € wird mit 4,1 % verzinst. ___/6

Berechne im Heft: Wie hoch ist der Zinsertrag in der Zeit

a) vom 1.4. bis zum 31.10. desselben Jahres?
b) vom 17. Februar bis zum 23. November desselben Jahres?
c) vom 9. September bis zum 26. März des folgenden Jahres inklusive Zinseszinsen?

5 Bruno, der heute 13 Jahre alt geworden ist, möchte gerne wissen, auf welchen Betrag sein Geburtstagsgeschenk von 25 €, das er zu 4 % anlegen könnte, bis zu seinem 73. Geburtstag anwachsen würde. ___/3

____

____

Gesamtpunktzahl ___/20

3 Terme

Wenn man die Umfangsberechnung eines Dreiecks unabhängig von den konkreten Zahlenwerten beschreiben möchte, kommt man zu dem Ausdruck $a + b + c$, der sich aus den drei Variablen a, b und c für die Seitenlängen, sowie zwei Additionszeichen zusammensetzt. Derartige Rechenausdrücke bezeichnet man in der Mathematik als Terme. Ihre Berechnungen und Umformungen erfolgen nach bestimmten Regeln und Gesetzmäßigkeiten.

3.1 Begriffsbestimmungen

Definition

Als **Term** bezeichnet man einen Rechenausdruck, der sich aus Zahlen ($5; -4{,}2; -3\frac{2}{5}; \ldots$) und/oder Variablen ($a; b; p; q; x; y; \ldots$) sowie Rechenoperationen ($+; -; \cdot; :; (\ )^2; \ldots$) sinnvoll zusammensetzt.

Beispiel 1: Man unterscheidet drei Fälle.

1. Terme ohne Variable: Hierbei handelt es sich um direkt berechenbare Rechenausdrücke, z.B.: $3 - 6$; $7{,}2 - 0{,}8 + 17{,}5$; $3\frac{1}{2} \cdot 5\frac{3}{4} + 7\frac{5}{7}$; $2^2 + 3^2 : (-7{,}5)$; …

2. Terme mit einer Variablen: Sie erfordern die Angabe einer Grundmenge, aus der sich die zulässigen Werte für die Variable ergeben. $5 \cdot a - 3$ ist z.B. ein Term mit einer Variablen, und die Grundmenge $G_a = \{-2; 0; 3\}$ erlaubt folgende Berechnungen dieses Termes: $a = -2 \rightarrow 5 \cdot (-2) - 3 = -13$, $a = 0 \rightarrow 5 \cdot 0 - 3 = -3$ und $a = 3 \rightarrow 5 \cdot 3 - 3 = 12$.

3. Terme mit mehr als einer Variablen: Sie erfordern die Angabe einer Grundmenge für jede auftretende Variable. Können für jede Variable dieselben Werte eingesetzt werden, so genügt eine einzige, gemeinsame Grundmenge. $2 \cdot a - 2 \cdot b$ ist z.B. ein Term mit zwei Variablen, und die gemeinsame Grundmenge $G_{a,b} = \{4; 5\}$ erlaubt folgende Berechnungen dieses Terms:

$a = 4;\ b = 4 \rightarrow 2 \cdot 4 - 2 \cdot 4 = 0$ $\quad$ $a = 4;\ b = 5 \rightarrow 2 \cdot 4 - 2 \cdot 5 = -2$

$a = 5;\ b = 4 \rightarrow 2 \cdot 5 - 2 \cdot 4 = 2$ $\quad$ $a = 5;\ b = 5 \rightarrow 2 \cdot 5 - 2 \cdot 5 = 0$

Wird zu einem Term keine Grundmenge angegeben, so wird vereinbarungsgemäß die umfassendste Zahlenmenge (z.B. $\mathbb{Z}$ oder $\mathbb{Q}$) zugrunde gelegt.

1 Ein Quadrat hat die Kantenlänge a. Gib einen Term zur Berechnung des Umfangs an und berechne ihn für die Grundmenge $G_a = \{3\,cm;\ 12\,dm;\ 2{,}5\,m\}$.

Ga = 3cm, 120cm, 2500cm

2 Ein Kino bietet freitags, samstags und sonntags jeweils eine Nachmittags- und eine Abendvorführung an, bei denen alle Sitzplätze einheitlich nachmittags 4,50 €, bzw. abends 6 € kosten.

a) Gib einen Term an, der den täglichen Umsatz beschreibt, wenn die Zahl der nachmittäglichen Besucher mit x und die der abendlichen Besucher mit y bezeichnet wird.

b) Berechne die täglichen Umsätze des Kinos (Nebenrechnung im Heft).

	freitags	samstags	sonntags
x	86	142	107
y	148	212	189
Umsatz			

3 Beschreibe die Anzahl der Punkte einer jeden Figur durch einen Term, der die Variable n enthält.

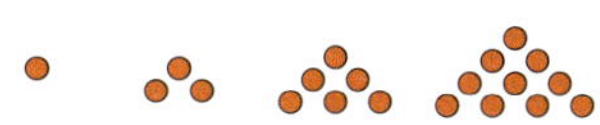

n = 1   n = 2   n = 3   n = 4

Definition

Ein Term wird immer nach derjenigen Rechenart benannt, die bei seiner Berechnung *zuletzt* ausgeführt wird:

Addition → **Summenterm** oder Summe, z.B. $a + 5$; $7x + y:3$; $4 \cdot p^2 + (6 - q)$

Subtraktion → **Differenzenterm** oder Differenz, z.B. $c - 3$; $0{,}5 \cdot z - 2{,}5 \cdot z^2$; $a:3 - 2$

Multiplikation → **Produktterm** oder Produkt, z.B. $12{,}5 \cdot x$; $(x - 2) \cdot x$; $3 \cdot (x^2 + 7 \cdot x)$

Division → **Quotiententerm** oder Quotient, z.B. $x:8$; $(2 \cdot a - 3):y$; $5:(p^2 - 1)$

Potenzieren → **Potenzterm** oder Potenz, z.B. w^3; $(a - 3)^2$; $(2 \cdot x - y^2)^2$

Rameesha

4 Fülle alle leeren Felder aus und bestimme den Typ des Terms.

a)

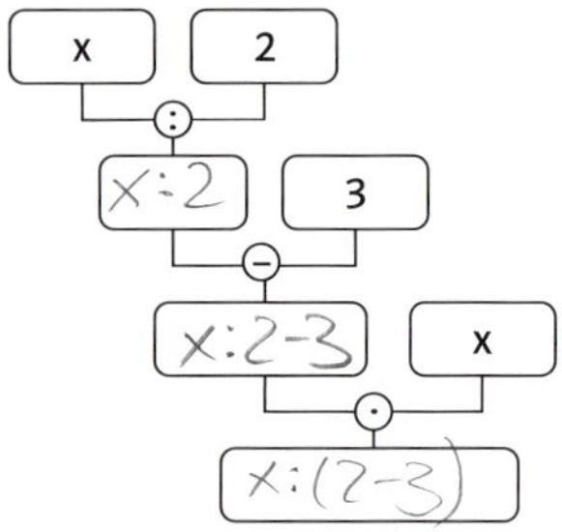

Typ: Produktterm

b)

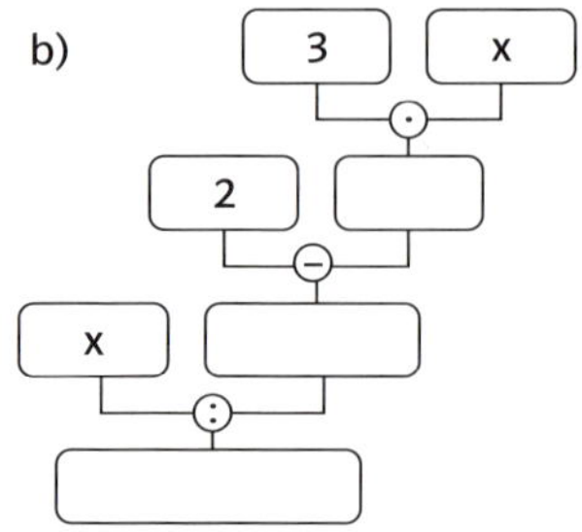

Typ: Quitententerm

c)

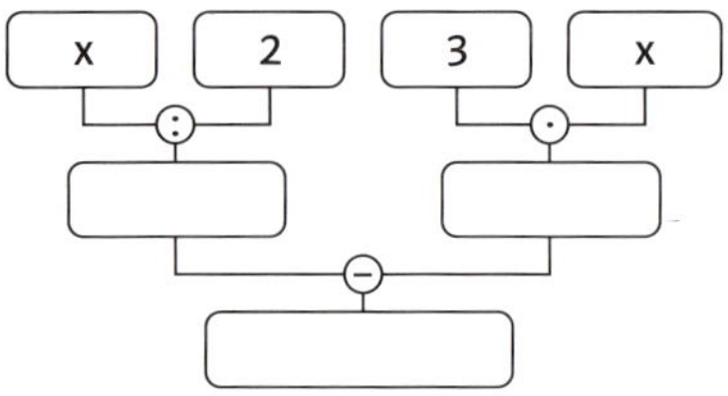

Typ: Differenzterm

Tipp

Beachte beim Aufstellen oder Berechnen von Termen die **Reihenfolge** der auftretenden Rechenoperationen. Es gilt stets:
1. Klammer- vor Punktrechnung und 2. Punkt- vor Strichrechnung.
Zur Vereinfachung der Schreibweise dürfen Multiplikationspunkte dort, wo keine Missverständnisse auftreten können, weggelassen werden,
z.B.: $2 \cdot x = 2x$; $3 \cdot (7 - 5 \cdot z) = 3(7 - 5z)$; aber: $5 \cdot \frac{1}{3} \neq 5\frac{1}{3}$.

5 Notiere den Term, gib seinen Typ an und berechne ihn für $x = -3$.

a) Bilde das Quadrat einer Zahl, hiervon das Sechsfache und vermindere diesen Wert um 2.

Term: ______ Typ: ______ Wert: ______

b) Quadriere eine um 2 verkleinerte Zahl und bilde hiervon das Sechsfache.

Term: ______ Typ: ______ Wert: ______

c) Vermindere das Sechsfache einer Zahl um 2 und quadriere diesen Wert.

Term: ______ Typ: ______ Wert: ______

3.2 Addition und Subtraktion gleichartiger Terme

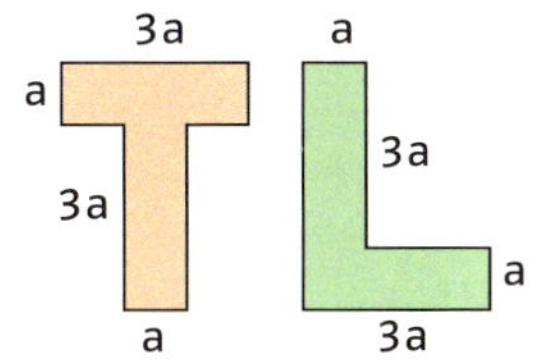

Beispiel 2: Gesucht werden die Terme für die Umfänge der beiden Buchstaben

„T": $3a + a + a + 3a + a + 3a + a + a$

„L": $a + 4a + 3a + a + 2a + 3a$.

Man rechnet leicht nach, dass beide Terme für beliebige Werte von a auf denselben Termwert führen, z. B. folgt für $a = 5$:

„T": $15 + 5 + 5 + 15 + 5 + 15 + 5 + 5 = 70$; „L": $5 + 20 + 15 + 5 + 10 + 15 = 70$

Die Vermutung, dass es sich um **gleichwertige Terme** handelt, lässt sich mithilfe des Distributivgesetzes beweisen:

„T": $3a + a + a + 3a + a + 3a + a + a = (3 + 1 + 1 + 3 + 1 + 3 + 1 + 1)a = 14a$

„L": $a + 4a + 3a + a + 2a + 3a = (1 + 4 + 3 + 1 + 2 + 3)a = 14a$

Merke

Gleichartige Terme sind Terme, die in den Buchstaben(gruppen) übereinstimmen und sich höchstens in den Vorfaktoren (Koeffizienten) unterscheiden. Sie lassen sich durch Addition und/oder Subtraktion in **gleichwertige Terme** umformen und zusammenfassen.

Beispiel 3:

a) $2x - 3x + 5x = (2 - 3 + 5)x = 4x$

b) $-3ab + 6ab - 7ab = (-3 + 6 - 7)ab = -4ab$

c) $8x^2 - 4x^2 + 5x = (8 - 4)x^2 + 5x = 4x^2 + 5x$

6 Fasse so weit wie möglich unter Anwendung des Distributivgesetzes zusammen.

a) $a + 2a + 5a + a + 2a =$ ______________________

b) $12y - 3y - 5y - 2y - 7y =$ ______________________

c) $-2ax + 6ax - ax =$ ______________________

d) $-4x^2 + 6x^2 + 5x - 2x =$ ______________________

7 Ergänze zu einem gleichwertigen Term.

a) $5by = 2by$ ________ b) $5by = 7by$ ________ c) $5by =$ ________ $+ 6by$

d) $-12z = -7z$ ________ e) $-12z = -16z$ ________ f) $-12z =$ ________ $+ z$

8 Welche Terme sind gleichwertig?

(1) $5x^2y - 2x^2y =$ ______ (2) $2xy^2 + 2xy^2 =$ ______ (3) $2xy - 5xy =$ ______

(4) $-2xy + 6xy =$ ______ (5) $x^2 - y^2 =$ ______ (6) $1{,}5x^2y + 1{,}5x^2y =$ ______

(7) $9xy - 5xy =$ ______ (8) $4xy - 7xy =$ ______ (9) $2x^2y + x^2y =$ ______

(10) $xy^2 + 3xy^2 =$ ______ gleichwertig: ______

Tipp

Gleichartige Terme in einer Summe oder Differenz, die nicht benachbart stehen, können unter Anwendung des **Kommutativgesetz**es in eine benachbarte Position gebracht werden.
In der Rechenpraxis genügt es, gleichartige Terme zu markieren (z. B. gleichfarbig unterstreichen, einrahmen) und dann alle gleich markierten Terme zusammenzufasssen. **Dabei sind die Rechenzeichen vor einem Term mitzumarkieren und wie ein Vorzeichen mitzuvertauschen, bzw. zu verrechnen.**

Beispiel 4: (Kommutativgesetz)

a) $5a + 2b + a + 3b = 5a + a + 2b + 3b = (5 + 1)a + (2 + 3)b = 6a + 5b$

b) $4x - 5y - 2x + 8y = 4x - 2x - 5y + 8y = (4 - 2)x + (-5 + 8)y = 2x + 3y$

9 Übertrage ins Heft, markiere gleichartige Terme und fasse dann zusammen.

a) $3p + 7 + 8p - 11$

b) $-14v + 18w + 12v - 23w - v$

c) $9a^2 + 11a - a^2 - 5a$

d) $2^2c - 2c^2 + 3c - 3^2c^2$

e) $15a^2x + 22ax^2 + 17ax + 4a^2x - 12ax^2 + 3ax$

3.3 Multiplikation und Division von einfachen Termen

Merke

Ein **Produktterm** wird **mit einer Zahl multipliziert**, indem man den Vorfaktor (Koeffizienten) des Produktes mit der Zahl multipliziert.
Ein **Produktterm** wird **durch eine Zahl dividiert**, indem man den Vorfaktor (Koeffizienten) des Produktes durch die Zahl dividiert.

Beispiel 5: Das **Kommutativgesetz** $[a \cdot b = b \cdot a]$ und das **Assoziativgesetz** $[a \cdot (b \cdot c) = (a \cdot b) \cdot c]$ helfen bei der Multiplikation von Produkttermen mit Zahlen:

a) $3 \cdot 5a = 3 \cdot (5 \cdot a) = (3 \cdot 5) \cdot a = 15a$ oder **kurz**: $3 \cdot 5a = 15a$

b) $15x \cdot 3 = (15 \cdot x) \cdot 3 = 15 \cdot (x \cdot 3) = 15 \cdot (3 \cdot x) = (15 \cdot 3) \cdot x = 45x$
oder **kurz**: $15x \cdot 3 = 45x$

Die Bruchschreibweise hilft bei der Division von Produkttermen durch Zahlen:

c) $8pq : 2 = \frac{8 \cdot p \cdot q}{2} = (8:2) \cdot p \cdot q = 4pq$ oder **kurz**: $8pq : 2 = 4pq$

10 Notiere jeden Umformungsschritt bei der Vereinfachung.

a) $6 \cdot (-8x) =$ ______________________________

b) $(-5) \cdot 7a =$ ______________________________

c) $-3z \cdot (-2) =$ ______________________________

d) $40a : 8 =$ ______________________________

e) $-25xy : (-5) =$ ______________________________

11 Führe alle erforderlichen Zwischenschritte im Kopf durch und vereinfache.

a) $13 \cdot 9xy =$ ______________

b) $52a^2 : (-4) =$ ______________

c) $17cd^2 \cdot (-4) =$ ______________

d) $-225a^2bx^2y : 25 =$ ______________

12 Vereinfache und fasse so weit wie möglich zusammen.

a) $7 \cdot 5a + 6 \cdot 8a =$ ______________________________

b) $105pq : 7 - 42pq : 6 =$ ______________________________

c) $4{,}5az : (-1{,}5) - 2{,}5az \cdot (-0{,}5) =$ ______________________________

Merke

Zwei Produktterme werden **miteinander multipliziert**, indem man zunächst ihre Vorfaktoren miteinander multipliziert und anschließend Potenzfaktoren mit gleicher Basis entsprechend der Regel $a^n \cdot a^m = a^{n+m}$ miteinander multipliziert.
Zwei Produktterme werden **durcheinander dividiert**, indem man zunächst ihre Vorfaktoren durcheinander dividiert und anschließend Potenzfaktoren mit gleicher Basis entsprechend der Regel $a^n : a^m = a^{n-m}$ durcheinander dividiert.

Beispiel 6:

a) $4a^2 \cdot (-2a) = (4 \cdot (-2)) \cdot (a^2 \cdot a^1) = -8 \cdot a^{2+1} = -8a^3$

b) $3x^2y \cdot 2y^4z \cdot 4x^2z^3 = (3 \cdot 2 \cdot 4) \cdot (x^2 \cdot x^2) \cdot (y^1 \cdot y^4) \cdot (z^1 \cdot z^3) = 24 \cdot x^{2+2} \cdot y^{1+4} \cdot z^{1+3}$
$= 24x^4y^5z^4$

c) $-6p^2q : 3p = (-6 : 3) \cdot (p^2 : p) \cdot q = -2 \cdot p^{2-1} \cdot q = -2pq$

d) $2b^3 \cdot 6b^2 : 4b^4 = (2 \cdot 6 : 4) \cdot (b^3 \cdot b^2 : b^4) = 3 \cdot b^{3+2-4} = 3b$

13 Vereinfache.

a) $2a \cdot 3a =$ 6a

b) $8p : (-3p) =$ ______

c) $-5{,}2r^2 \cdot 0{,}5r^2 =$ ______

d) $z^5 : 0{,}25z^3 =$ ______

14 Vereinfache unter Angabe aller erforderlichen Zwischenschritte.

a) $3x^2 \cdot 7x^3 =$ ______

b) $-33z^5 : (-11z^3) =$ ______

c) $-4p^2q \cdot 9pq \cdot (-2pq^2) =$ ______

______

Tipp

Längere Summen- und Differenzenterme werden durch die „+"- und „–"-Zeichen zunächst in einzeln abzuarbeitende Teilaufgaben unterteilt. Für diese Teilaufgaben gilt:

- zunächst wird das Vorzeichen des Produktes oder Quotienten bestimmt,
- dann werden die Vorfaktoren (Koeffizienten) multipliziert oder dividiert, und
- schließlich werden Potenzfaktoren gleicher Basis in alphabetischer Reihenfolge multipliziert oder dividiert.

Erst jetzt kann festgestellt werden, ob hierbei gleichartige Terme entstanden sind, die sich weiter zusammenfassen lassen.

15 Vereinfache und fasse so weit wie möglich zusammen.

a) $12u^2v \cdot (-2uv^3) - 36u^5v^6 : (-9u^2v^2)$

= ______

b) $-96a^3w^3 : (-16w) + 28a^2 \cdot 0{,}5aw^2 - 40a^3w^2 : (-8)$

= ______

c) $-7b^2 \cdot (-6y^3) + 28b^4y^2 : 7b + 16b^2y^4 : (-4y) - b^2y \cdot by$

= ______

3.4 Multiplikation und Division von Klammertermen

Formel

Bezeichnen a, x und y beliebige Produktterme, so gilt entsprechend den Distributivgesetzen für das **Auflösen einer Klammer**:
$a \cdot (x + y) = a \cdot x + a \cdot y$ und $a \cdot (x - y) = a \cdot x - a \cdot y$.

Beispiel 7:

a) $a \cdot (5x + 3y) = a \cdot 5x + a \cdot 3y = 5ax + 3ay$

b) $4b^2 \cdot (x - y) = 4b^2 \cdot x - 4b^2 \cdot y = 4b^2x - 4b^2y$

Unter Beachtung des Kommutativgesetzes der Multiplikation gilt ebenso:

c) $(4ax^2 + 6ay^2) \cdot 2a = 4ax^2 \cdot 2a + 6ay^2 \cdot 2a = 8a^2x^2 + 12a^2y^2$

16 Löse die Klammer durch Ausmultiplizieren auf.

a) $5(x + y) =$ 5x + 5y

b) $(a - b) \cdot ab =$ __________

c) $2a(a - 2b + a^2) =$ __________

d) $3rs(4r - 12s + rs) =$ __________

17 Löse die Klammern auf und fasse zusammen.

a) $\frac{1}{4}(16a - 8b) + \frac{1}{2}(10b - 6a) =$ __________

b) $0{,}6x(2{,}5x - 0{,}5y) + 1{,}5y(0{,}6y + 2{,}2x)$

= __________

c) $a^2(9ab^2 - 6b^3) - 4a^3b^2 + (5a^2b + 7a^3)b^2 - 11a^2b^3$

= __________

Tipp

Steht ein negativer Faktor vor einer Klammer, so wird sie unter Beachtung der **Vorzeichenregelungen** ausmultipliziert, z.B.:
$-4 \cdot (2x - 3y) = (-4) \cdot 2x - (-4) \cdot 3y = -8x - (-12y) = -8x + 12y$.
Insbesondere gilt, dass ein Minuszeichen vor einer Klammer alle Zeichen in der Klammer umkehrt:

$$-((+)2a - 3b + 4c) = (-1) \cdot (2a - 3b + 4c) = (-1) \cdot 2a - (-1) \cdot 3b + (-1) \cdot 4c$$
$$= -2a + 3b - 4c$$

18 Löse die Klammern auf und fasse zusammen.

a) $-(x - 2y + 3z) =$ ______

b) $-2(-a + 3b) =$ ______

c) $6a - (3a - 5b) + 2b =$ ______

d) $-2x(3x - 5) - (-5x + x^2) =$ ______

Formel

Die Umformung $(x \pm y):a = \frac{x \pm y}{a} = \frac{x}{a} \pm \frac{y}{a} = x:a \pm y:a$ zeigt, dass das Auflösen von Klammern gleichermaßen auch für die Division gilt.

19 Löse die Klammern im Heft auf und fasse, soweit möglich, zusammen.

a) $(7{,}5x^2y^3 + 10x^3y^2):2{,}5xy^2$

b) $(18c^3d^2 + 24c^2d):(-3cd) - (-12c^2d^2 + 16c^3d^3):4cd^2$

c) $\left(-\frac{3}{4}ax + \frac{5}{8}bx\right):\left(-\frac{1}{2}x\right) - \left(\frac{5}{6}a^2 - \frac{7}{12}ab\right):\frac{1}{3}a$

3.5 Faktorisieren von Termen

Merke

Bei der Anwendung des Distributivgesetzes in der „umgekehrten" Umformungsrichtung werden aus einem Summen- oder Differenzenterm alle gemeinsamen Faktoren ausgeklammert (**faktorisiert**), sodass die verbleibenden Summanden in der neu zu setzenden Klammer stehen. Es gilt:
$ax + ay = a(x + y) = (x + y)a$ und $ax - ay = a(x - y) = (x - y)a$.
Hierbei bezeichnen a, x und y beliebige Produktterme.

Beispiel 8:

a) $3a + 6b = 3 \cdot a + 3 \cdot 2b = 3(a + 2b) = (a + 2b) \cdot 3$

b) $4ax - 6ay = 2a \cdot 2x - 2a \cdot 3y = 2a(2x - 3y)$

c) $6x^4z^3 - 3x^2z = 3x^2z \cdot 2x^2z^2 - 3x^2z \cdot 1 = 3x^2z(2x^2z^2 - 1)$

In Beispiel c wurde **vollständig faktorisiert**, d.h., es wurden **alle** gemeinsamen Faktoren ausgeklammert. Für die enthaltenen Potenzterme mit gleicher Basis stellt offensichtlich der Term mit der kleinsten Hochzahl den gemeinsamen Faktor dar, z.B. x^2 für x^4 und x^2, $z = z^1$ für z^3 und z.

20 Faktorisiere vollständig.

a) $5a - 10x =$ ______

b) $8ax^2 - 5b^2x^2 =$ ______

c) $-5c^2w^4 + 3c^3w^2 - 7cw^3 =$ ______

d) $18r^2s^3 - 30r^3s + 24r^4s^2 =$ ______

21 Faktorisiere so, dass in der Klammer möglichst kleine ganzzahlige Vorfaktoren auftreten.

z.B.: $1{,}2a^2x - 4{,}2ax^2 = 0{,}6ax(2a - 7x)$

a) $2{,}7by^2 - 3{,}6b^2y^2 + 5{,}4by =$ ______

b) $0{,}1x^2 + 0{,}01x^3 =$ ______

c) $-0{,}35c^3p + 0{,}56c^2p^2 - 0{,}7c^2p^3 =$ ______

22 Klammere die vorgegebenen Faktoren aus:

a) -1 bei: $-5x + 12y - 9z =$ ______

b) -8 bei: $-80p^2 + 32pq - 64q^2 =$ ______

c) $-0{,}3xy$ bei: $-1{,}2x^2y - 1{,}8xy^2 + 0{,}6x^2y^2 =$ ______

Info plus

Eine Rechenkünstler verblüfft sein Publikum, indem er einer beliebigen Person folgende Anweisungen gibt: „Denke dir eine beliebige natürliche Zahl zwischen 1 und 20, vergrößere sie um 2, multipliziere das Ergebnis mit 2, ziehe die gedachte Zahl ab und ziehe nochmals 4 ab. Nenne mir dein Ergebnis, und ich sage dir die Zahl, die du dir gedacht hast!"

Erkläre diesen Rechentrick, indem Du einen den Anweisungen entsprechenden Term bildest! Entwirf einen eigenen Rechentrick dieser Art!

(Lösung: $(x + 2) \cdot 2 - x - 4 = ?$)

3.6 Multiplikation zweier Klammerterme

Die Abbildung verdeutlicht, wie sich der Flächeninhalt des gesamten Rechtecks, nämlich $(a + b)\cdot(u + v)$, aus den Flächeninhalten der vier Teilrechtecke additiv zusammensetzt.
Es gilt also: $(a + b)\cdot(u + v) = a\cdot u + a\cdot v + b\cdot u + b\cdot v$.
Offensichtlich wird auf diese Art und Weise, auch unabhängig von einer geometrischen Deutung, gesagt, wie man das Produkt zweier Klammerterme, die jeweils eine Summe enthalten, bildet.

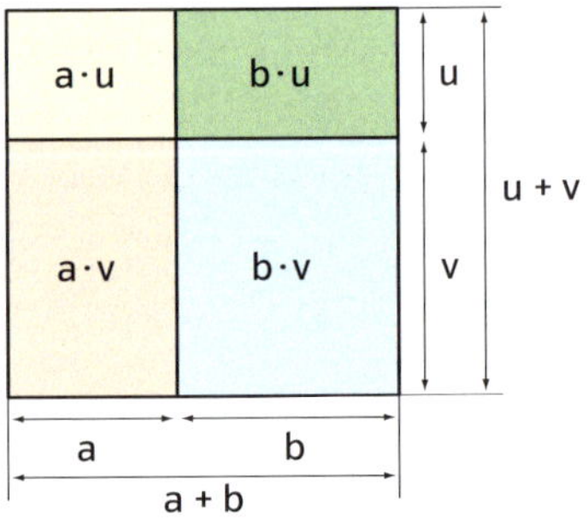

Merke

Multipliziere jeden Summanden der ersten Klammer mit jedem Summanden der 2. Klammer und addiere alle so entstandenen Produkte.

Beispiel 9:

a) $(x + 2)(y + 4) = x\cdot y + x\cdot 4 + 2\cdot y + 2\cdot 4 = xy + 4x + 2y + 8$

b) $(3a + 2x)(4a + 7x) = 3a\cdot 4a + 3a\cdot 7x + 2x\cdot 4a + 2x\cdot 7x$
$= 12a^2 + 21ax + 8ax + 14x^2 = = 12a^2 + 29ax + 14x^2$

23 Multipliziere die Klammern im Heft aus, fasse in Teilaufgabe d) auch zusammen.

a) $(a + 12)(9 + b)$
b) $(a^2 + 1)(a + 2)$
c) $(14ax + 5a)(8x + 12ax)$
d) $(8x + 5)(x + 7) - (2x + 9)(4x + 6)$

Beispiel 10: Hier wird deutlich, wie sich unterschiedliche Vor- und Rechenzeichen in den Klammern auf die Produktbildung auswirken:
$(a + b)(u - v) = (a + b)(u + (-v)) = au + a(-v) + bu + b(-v) = au - av + bu - bv$
Man multipliziert also weiterhin jeden Summand der ersten Klammer mit jedem Summand der zweiten Klammer, aber unter Berücksichtigung des davorstehenden Rechenzeichens, das als Vorzeichen gedeutet werden darf.

24 Multipliziere die Klammern im Heft aus:

a) $(a - b)(u + v)$ b) $(a - b)(u - v)$ c) $(r - s)(-u - w)$

Formel

Von großer Bedeutung für das praktische Rechnen sind die **drei binomischen Formeln**:

1. $(a + b)^2 = a^2 + 2ab + b^2$ **2.** $(a - b)^2 = a^2 - 2ab + b^2$ **3.** $(a + b)(a - b) = a^2 - b^2$

Beispiel 11:

a) Die Gültigkeit der binomischen Formeln lässt sich durch Ausmultiplizieren der Klammerterme nachweisen. So zeigt man z. B. für die erste der drei Formeln:
$(a + b)^2 = (a + b)(a + b) = a^2 + ab + ba + b^2 = a^2 + 2ab + b^2$

b) Für a und b lassen sich wieder beliebige (Produkt-)Terme einsetzen, z. B.:
$(5p + 6q)(5p - 6q) = (5p)^2 - (6q)^2 = 25p^2 - 36q^2$
$(2xy - 3xz)^2 = (2xy)^2 - 2 \cdot (2xy) \cdot (3xz) + (3xz)^2 = 4x^2y^2 - 12x^2yz + 9x^2z^2$

25 Weise im Heft die Gültigkeit der zweiten und dritten binomischen Formel nach.

26 Multipliziere aus.

a) $(a + z)^2 =$ ______

b) $(c - 6)^2 =$ ______

c) $(2x + 3y)^2 =$ ______

d) $\left(\frac{1}{2}st + \frac{2}{3}uw\right)\left(\frac{1}{2}st - \frac{2}{3}uw\right) =$ ______

27 Verwandle in ein Produkt zweier Klammerterme.

a) $c^2 + 2cd + d^2 =$ ______

b) $4u^2 - 9v^2 =$ ______

c) $x^4 - 2x^2y + y^2 =$ ______

d) $9a^4 - 12a^2b^3 + 4b^6 =$ ______

28 Berechne mithilfe der binomischen Formeln.

a) $41^2 = (40 + 1)^2 =$ ______

b) $63^2 =$ ______

c) $58^2 =$ ______

d) $51 \cdot 49 =$ ______

29 Ersetze den fehlenden Term und fasse mithilfe einer binomischen Formel zusammen.

a) $p^2 + 2px +$ ______ $=$ ______

b) $9a^2 -$ ______ $+ 25 =$ ______

30 Multipliziere eine um 8 verminderte (unbekannte!) Zahl mit derselben um 8 vermehrten Zahl. ______

21 Was ist ein Term? ______

22 Wonach richtet sich die Bezeichnung eines Terms?

______

23 Erkläre kurz die Bezeichnungen **gleichwertiger** und **gleichartiger** Term.

______

24 Wie multipliziert man zwei Potenzterme mit gleicher Basis miteinander?

______

25 Wie multipliziert man einen Produktterm mit einer Zahl bzw. mit einem anderen Produktterm?

______

______

26 Vervollständige folgende Gleichungen.

$a(x+y) =$ ______	$(x+y)a =$ ______	$a(x-y) =$ ______
$(x-y)a =$ ______	$(x+y):a =$ ______	$(x-y):a =$ ______

27 Welche Bedeutung hat ein Minuszeichen vor einem Klammerterm, und welche Auswirkungen hat dies auf die Vor- und Rechenzeichen in der Klammer?

______

28 Wie nennt man es, wenn aus einem Summen- oder Differenzenterm gemeinsame Faktoren ausgeklammert werden? Welches Rechengesetz wird dabei angewandt? ______

29 Wie multipliziert man zwei Klammerterme miteinander?

______

______

30 Wie lauten die drei binomischen Formeln?

______

1 Gegeben ist die nebenstehende Figur. ___/6

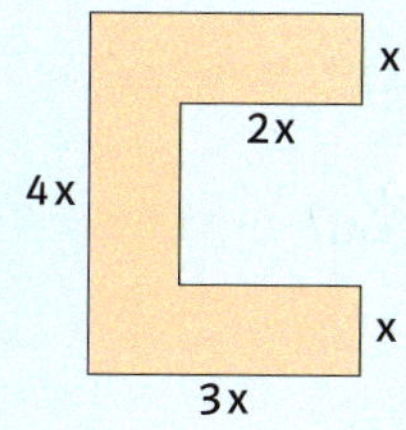

a) Bestimme einen Term für Umfang und Flächeninhalt.

____

b) Berechne Umfang und Flächeninhalt für $x = 2{,}5$.

____

2 a) Fülle die leeren Felder des Rechenbaumes aus und gib den den so gebildeten Term an. ___/8

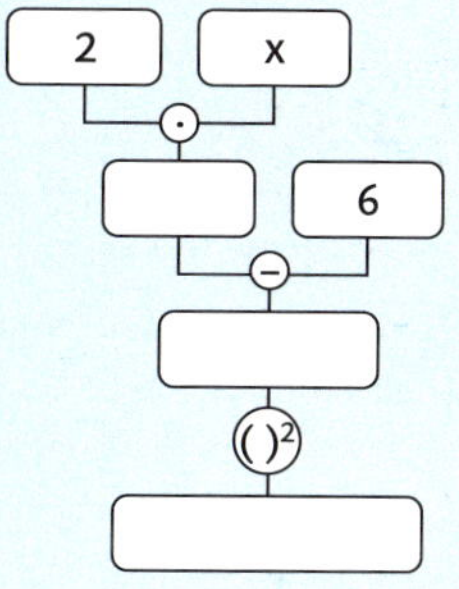

____

b) Von welchem Typ ist dieser Term?

____

c) Berechne den Term über der Grundmenge $G_x = \{-1; 3; 5\}$.

____

____

d) Gib einen gleichwertigen Term an.

____

3 Faktorisiere so, dass in den Klammern möglichst kleine ganzzahlige Vorfaktoren stehen. Rechne im Heft. ___/6

a) $-1{,}2a^2b - 3{,}6ab^3$

b) $7{,}5p^2x - 10px^2 + 17{,}5px$

c) $0{,}1c^3d^4e^2 - 0{,}25c^2d^3e^3$

4 Multipliziere aus, fasse so weit wie möglich zusammen und faktorisiere vollständig. Rechne im Heft. ___/6

a) $5a - 3(-4 + 9a) + 18$

b) $5y(x + 3) - 15(y + 2x)$

c) $(3p - 4q)(6q + 7) - 3(7p - 8q^2)$

5 Formuliere einen zum Text passenden Term und vereinfache ihn. ___/4

a) Multipliziere das um 5 verkleinerte Doppelte einer Zahl mit dem um 5 vergrößerten Doppelten derselben Zahl: ______________________________

b) Das Quadrat einer um 3 verkleinerten Zahl wird um das Sechsfache derselben um 3 verkleinerten Zahl vergrößert: ______________________________

Gesamtpunktzahl ___/30

4 Lineare Gleichungen

Zahlreiche Problemstellungen aus Alltag, Naturwissenschaft, Technik und natürlich aus der Mathematik selbst führen auf Gleichungen, die es zu lösen gilt. Der einfachste Typ einer Gleichung ist die lineare Gleichung.

4.1 Gleichungen als Aussageformen

Definition

Gleichungen

- Wenn man zwei Terme T_1 und T_2 durch ein Gleichheitszeichen miteinander verbindet (gleichsetzt) entsteht eine **Gleichung** $T_1 = T_2$.
- Man unterscheidet grundsätzlich zwei Arten von Gleichungen:
  (1) Die Terme enthalten **keine Variablen**. Dann sind beide Gleichungsseiten direkt berechenbar und die Gleichung stellt eine **wahre oder falsche Aussage** dar.
  (2) Mindestens ein Term **enthält eine Variable**, z. B. x. Die Gleichung wird dann als eine **Aussageform** bezeichnet, die erst dadurch, dass man für x einen Wert aus der **Grundmenge G_x** einsetzt, zu einer wahren oder falschen Aussage wird.
- Alle Werte aus der Grundmenge, die die Gleichung in eine wahre Aussage verwandeln, werden in der **Lösungsmenge L** zusammengefasst.
  Gibt es über G_x keine wahren Aussagen, dann ist L die leere Menge ({ }).

Beispiel 1:

a) Die Gleichung $-3 = -3$ enthält keine Variablen, die Aussage ist wahr;
$-2 = 2$ ist eine falsche Aussage; $3 + 2 = 6 - 1$ (wahr); $3^2 = 9$ (wahr) …

b) $3x - 6 = 0$ führt über der Grundmenge $G_x = \{1; 2; 3\}$ auf folgende Aussagen:
für $x = 1$: $3 \cdot 1 - 6 = 0$ ist falsch, denn es ist $-3 < 0$
für $x = 2$: $3 \cdot 2 - 6 = 0$ ist wahr, denn es ist $0 = 0$
für $x = 3$: $3 \cdot 3 - 6 = 0$ ist falsch, denn es ist $3 > 0$
Die **Lösungsmenge** dieser Gleichung lautet demnach $L = \{2\}$.

1 Entscheide, ob die Aussage wahr [w] oder falsch [f] ist.

a) $12 = 11$ ☐ b) $12 = 11 + 1$ ☐ c) $6\frac{3}{8} = 6{,}375$ ☐

d) $-(-3) = +(+3)$ ☐ e) $25 - 3 \cdot 4 = 9 + 2^2$ ☐ f) $36 : (6 - 2) = 36 : 6 - 2$ ☐

2 Bestimme die Lösungsmenge über der Grundmenge $G_x = \{-2; 0; 5\}$.

a) $3 \cdot (x + 1) = 3$; $L = \{\_\}$ b) $2x - 6 = 4$; $L = \{\_\}$ c) $-x + 1 = -1$; $L = \{\_\}$

Tipp

Die Grundmenge beeinflusst maßgeblich die Lösungsmenge.
So besitzt z. B. die Gleichung $x + 1 = -5$ über der Grundmenge $G_x = \mathbb{N}$ die leere Lösungsmenge, über $G_x = \mathbb{Z}$ (ganze Zahlen) aber die Lösungsmenge $L = \{-6\}$. Wird keine Grundmenge angegeben, so geht man vereinbarungsgemäß von der Menge $\mathbb{Q}$ der rationalen Zahlen als der umfassendsten Grundmenge aus.

3 Notiere die Lösungsmengen bei verschiedenen Grundmengen.

	$G_x = \{-1; 0; 1\}$	$G_x = \mathbb{N}$	$G_x = \mathbb{Z}$	$G_x = \mathbb{Q}$
$5x - 4 = 1$				
$x^2 = x$				
$x^2 = 4$				
$2x = -3$				

4.2 Lineare Gleichungen erkennen und lösen

Definition

Tritt die Gleichungsvariable, z. B. x, nur mit der ersten Potenz $x = x^1$ (im Zähler) auf, dann spricht man von einer **linearen Gleichung**.

Beispiel 2:

a) Die Gleichungen $2x = 7$; $3 \cdot (4 - x) = 5$; $4x - 2 = 5x + 1$ sind linear.

b) Die Gleichungen $x^2 = 9$; $3x^2 - 4x = 8$ sind quadratisch, also *nicht* linear.

c) Auch die Gleichungen $\frac{2}{x - 1} = 6$ und $2\sqrt{x} = 50$ sind *nicht* linear.

4 Kreuze lineare Gleichungen an.

a) ☐ $x + 2 = 7$ b) ☐ $(x + 2) \cdot (x - 2) = 7$ c) ☐ $x \cdot (x + 2) - x^2 = 7$

Merke

Werden beide Seiten einer Gleichung um denselben Term vergrößert oder verkleinert (oder mit derselben Zahl multipliziert, bzw. durch dieselbe Zahl dividiert), so ändert sich hierdurch die ursprüngliche Lösung nicht.
Eine solche Umformung wird als **Äquivalenzumformung** bezeichnet, weil die Gleichung vor und nach der Umformung bezüglich ihrer Lösung gleichwertig (= äquivalent) geblieben ist.
Man deutet diesen Sachverhalt durch einen **Äquivalenzpfeil (⇔)** an.

Beispiel 3: Die Gleichung $x + 2 = 5$ gehört zu dem **Gleichungstyp** $\mathbf{x + c = d}$.

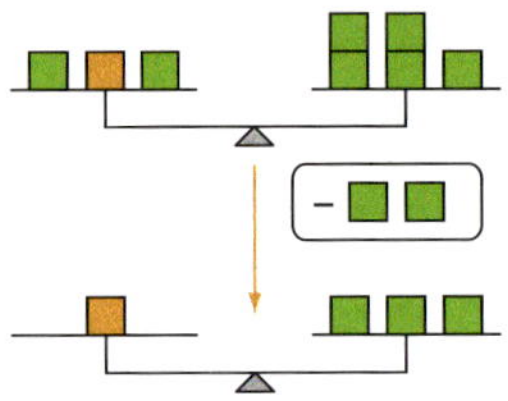

	$x + 2 = 5$	$\vert -2$
⇔	$x + 2 - 2 = 5 - 2$	
⇔	$x = 3$	
	$L = \{3\}$	

	$x + c = d$	$\vert -c$
⇔	$x + c - c = d - c$	
⇔	$x = d - c$	
	$L = \{d - c\}$	

5 Ergänze die Abbildung, notiere und löse dann die Gleichung.

a)

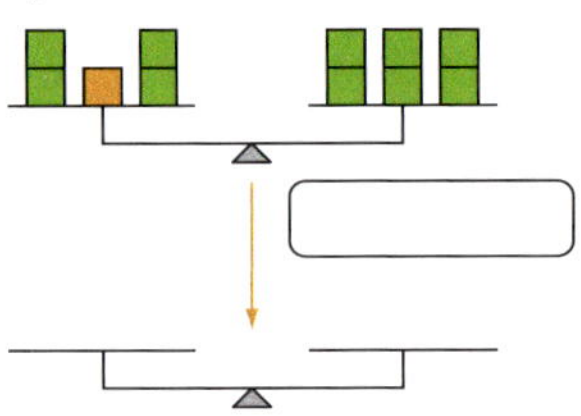

b)

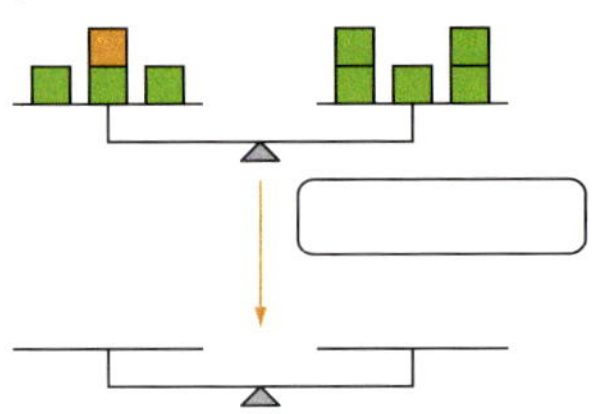

c)

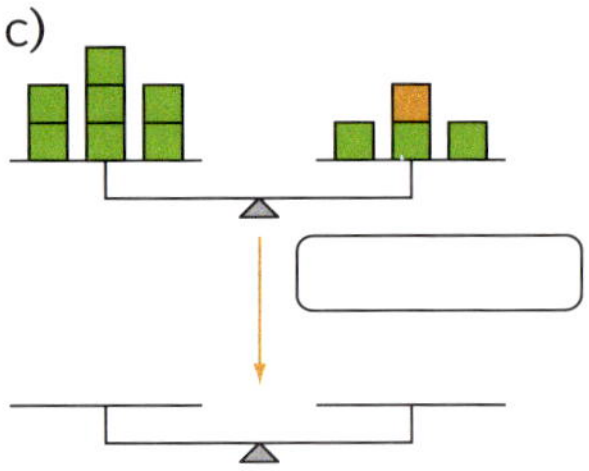

6 Löse die Gleichung. Schreibe die Nebenrechnungen ins Heft.

a) $x + 12 = 43$

L = ______

b) $x - 12 = 15$

L = ______

c) $9 = x + 14$

L = ______

Beispiel 4: Die Gleichung $3x = 9$ gehört zu dem **Gleichungstyp** $\mathbf{ax = d}$.

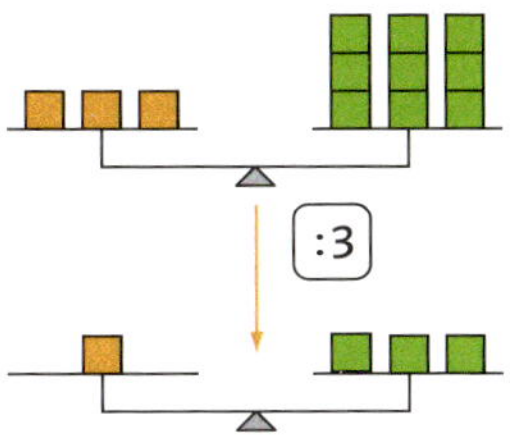

$$
\begin{aligned}
&& 3x &= 9 && \mid :3 \\
&\Leftrightarrow & 3x:3 &= 9:3 && \\
&\Leftrightarrow & x &= 3 && \\
&& L &= \{3\} &&
\end{aligned}
\qquad\qquad
\begin{aligned}
&& ax &= d && \mid :a \\
&\Leftrightarrow & ax:a &= d:a && \\
&\Leftrightarrow & x &= d:a && \\
&& L &= \left\{\tfrac{d}{a}\right\} &&
\end{aligned}
$$

7 Ergänze die Abbildung, notiere und löse dann die Gleichung.

a)

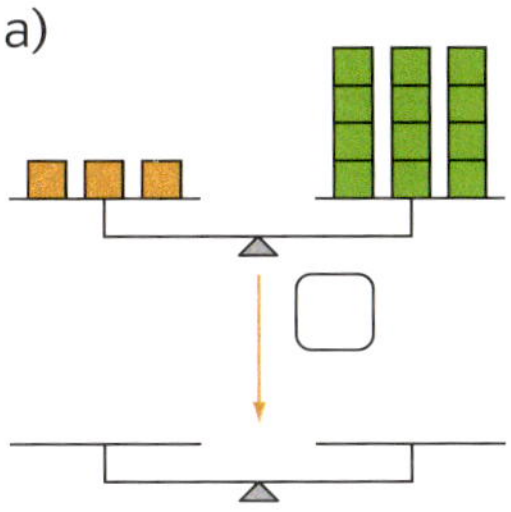

b)

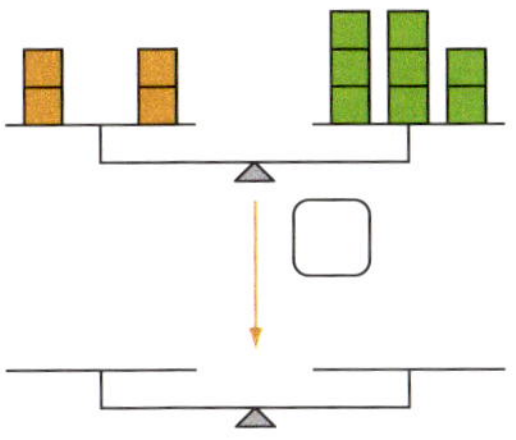

c)

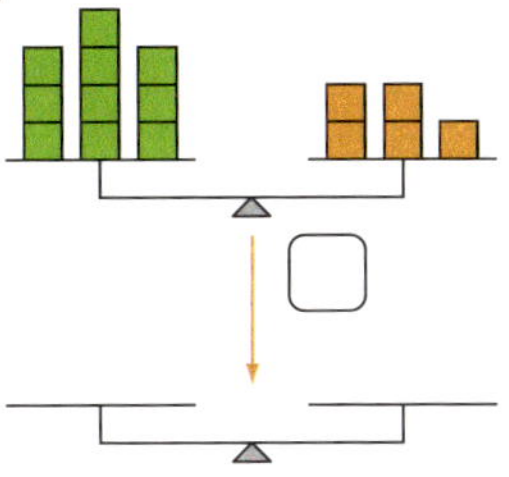

8 Löse die Gleichung. Schreibe die Nebenrechnungen ins Heft.

a) $8x = -20$ b) $\frac{1}{2}x = 5$ c) $-2\frac{1}{2}x = -\frac{3}{4}$

L = ________ L = ________ L = ________

Beispiel 5: Die Gleichung $4x - 26 = -14$ gehört zu dem **Gleichungstyp** $\mathbf{ax + c = d}$.
Hier werden offensichtlich die beiden Gleichungstypen $x + c = d$ und $ax = d$ kombiniert, sodass jetzt zur Lösung die Äquivalenzumformungen aus beiden vorangegangenen Beispielen erforderlich sind:

$$
\begin{aligned}
&& 4x - 26 &= -14 && \mid +26 \\
&\Leftrightarrow & 4x - 26 + 26 &= -14 + 26 && \\
&\Leftrightarrow & 4x &= 12 && \mid :4 \\
&\Leftrightarrow & 4x:4 &= 12:4 && \\
&\Leftrightarrow & x &= 3 && \\
&& L &= \{3\} &&
\end{aligned}
\qquad\qquad
\begin{aligned}
&& ax + c &= d && \mid -c \\
&\Leftrightarrow & ax + c - c &= d - c && \\
&\Leftrightarrow & ax &= d - c && \mid :a \\
&\Leftrightarrow & ax : a &= (d - c) : a && \\
&\Leftrightarrow & x &= \frac{d - c}{a} && \\
&& L &= \left\{\frac{d - c}{a}\right\} &&
\end{aligned}
$$

9 Löse $3x + 2 = 8$ grafisch und rechnerisch.

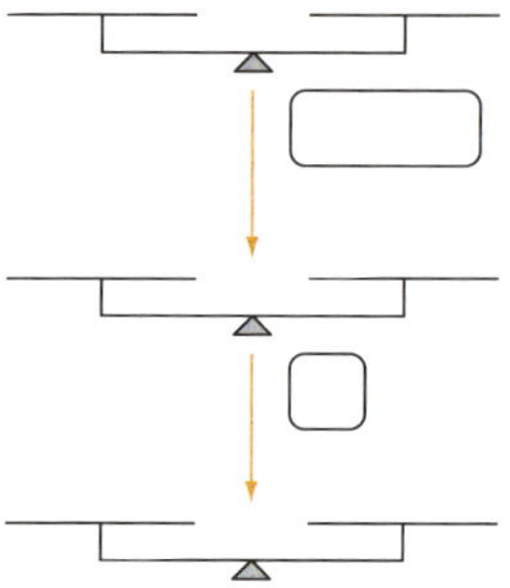

Tipp

Beim Rechnen gilt stets die Regel „Punkt- vor Strichrechnung“. Beim Lösen einer Gleichung werden die erforderlichen Äquivalenzumformungen hingegen *in der umgekehrten Reihenfolge* durchgeführt (siehe Aufgabe 9): Zuerst werden die durch Strichrechnung gebundenen Terme auf die andere Gleichungsseite gebracht, dann erst wird durch den Vorfaktor von x dividiert.

10 Bestimme die Lösungsmenge im Heft.

a) $1{,}2x - 2{,}6 = 3{,}4$

b) $-1\frac{3}{7} \cdot \left(1\frac{2}{5} - x\right) = 2\frac{2}{7}$

Merke

Für eine **Probe** setzt man den Lösungswert in die Ausgangszeile (Aufgabenstellung) ein und weist nach, dass beide Gleichungsseiten denselben Wert liefern.

Beispiel 6: Die Gleichung $5x + 2 = 3x + 8$ gehört zum **Gleichungstyp $T_1(x) = T_2(x)$**, wobei beide Terme T_1 und T_2 die Variable x aufweisen. In diesem Fall gilt es, zunächst alle Summanden, die aus reinen Zahlen bestehen, auf der einen Seite (hier: rechts) und alle Summanden, die die Variable x enthalten, auf der anderen Seite (hier: links) zu „bündeln“. Dadurch entsteht dann eine Gleichung vom Typ $ax = d$.

$5x + 2 = 3x + 8 \quad | -2$

$5x + 2 - 2 = 3x + 8 - 2$

$5x = 3x + 6 \quad | -3x$

$5x - 3x = 3x - 3x + 6$

$2x = 6 \quad | :2$

$x = 3$

$L = \{3\}$

Probe für $x = 3$:

$5 \cdot 3 + 2 = 3 \cdot 3 + 8$

$15 + 2 = 9 + 8$

$17 = 17$ ✓

Merke

Lösungsstruktur linearer Gleichungen

Löst man eine lineare Gleichungen durch geeignete Äquivalenzumformungen, so kann man auf folgende drei Situationen stoßen:

1. Für die Variable x ergibt sich genau eine Zahl, eben der Lösungswert, der in die Lösungsmenge aufgenommen wird.
2. Die Variable x wird eliminiert und die resultierende Gleichung ist wahr. Dann ist jede Zahl aus der Grundmenge auch Lösung, also $L = G_x$.
3. Die Variable x wird eliminiert und die resultierende Gleichung ist falsch. Dann gibt es keine Lösung, also $L = \{\ \}$.

11 Löse die Gleichung im Heft und mache, soweit möglich, eine Probe.

a) $6 \cdot (x - 2) = 2 \cdot (x - 15)$

b) $4 \cdot (x - 5) + x = 3 \cdot (10 - x) + 6$

c) $2 \cdot (1 + x) + 2x = 4 \cdot (1 + x) - 2$

d) $5 \cdot (1 + x) - 3 = 10 \cdot (1 + x) - 5x$

4.3 Textaufgaben mithilfe linearer Gleichungen lösen

Textaufgaben, also die Umsetzung von sprachlich „verpackten" Aufgabenstellungen in lineare Gleichungen, gehören mit zu den wichtigsten und vielleicht auch schwierigsten Aufgabe dieses Kapitels.

Beispiel 7: Lösungsstrategie bei Textaufgaben

Wenn man das Doppelte einer Zahl um drei vermindert, so erhält man dasselbe, wie wenn man die Zahl selbst um zehn vergrößert. Welche Zahl ist gemeint?

1. Lies den Text gründlich und lege die Variable x fest.	Gesuchte Zahl: x
2. Setze den Text in Terme um.	„das Doppelte einer Zahl um drei vermindert": **2x − 3**; „dasselbe": =; „die Zahl um zehn vergrößert": **x + 10**
3. Stelle eine Gleichung auf und löse sie durch Äquivalenzumformungen.	$2x - 3 = x + 10 \quad \vert +3$ $\Leftrightarrow \quad 2x = x + 13 \quad \vert -x$ $\Leftrightarrow \quad x = 13$
4. Mache die Probe.	$2 \cdot 13 - 3 = 13 + 10 \Leftrightarrow 23 = 23$ ✓
5. Formuliere einen Antwortsatz.	Die gesuchte Zahl lautet 13.

Info plus

Zwei antike Aufzeichnungen, das *Papyrus Rhind* und das *Papyrus Moskau*, belegen, dass bereits die alten Ägypter vor 4000 Jahren lineare Gleichungen lösen konnten. Zu dieser Zeit stand die Mathematik ganz im Dienste praktischer Anwendungen, z. B. der Güter- und Lohnverteilung, und wurde damals vor allem von den Beamten des Pharaonenstaates beherrscht.

Löse die Textaufgaben im Heft.

12 Zahlenrätsel

a) Das Dreifache einer um 1 verminderten Zahl entspricht dem Doppelten dieser Zahl, vermindert um 8.

b) Das Produkt einer natürlichen Zahl mit ihrem Nachfolger ist um 12 größer als das Produkt dieser Zahl mit ihrem Vorgänger.

13 Bestimme das Alter.

a) Anke ist heute doppelt so alt wie ihr Bruder Klaus. In fünf Jahren ist sie nur noch 1,5-mal so alt. Wie alt sind die beiden heute?

b) Herr Winkler war vor 5 Jahren sieben mal so alt wie seine Tochter Lisa. In 25 Jahren ist er nur noch doppelt so alt wie sie. Wie alt sind die beiden heute?

14 Geometrie-Aufgaben

a) Ein Rechteck, dessen eine Seite um 3 cm länger als die andere Seite ist, hat einen Umfang von 42 cm. Wie lang sind die beiden Seiten?

b) Kürzt man die eine Seite eines Quadrats um 2 dm und verlängert die andere um 5 dm, so nimmt sein Flächeninhalt um 8 dm^2 zu. Wie lang waren die Quadratseiten?

15 Mischungsaufgaben

a) Händler Mischke „sitzt" noch auf 3,6 kg einer hochwertigen Teesorte, die er zu 12,60 €/kg anbietet, und auf 4,2 kg einer einfacheren Sorte, die nur 7,20 €/kg kostet. Weil sich die Nachfrage seiner Kunden hauptsächlich auf eine mittlere Qualität richtet, will er beide Sorten vermischen. Zu welchem Preis kann er diese Mischung dann anbieten?

b) In eine Badewanne wurden bereits 45 ℓ heißes Wasser der Temperatur 42 °C eingelassen. Wie viel Liter kaltes Wasser (18 °C) müssen noch zugegeben werden, damit eine angenehme Badetemperatur von 33 °C erreicht wird?

31 Was versteht man unter einer Gleichung?

32 Wie nennt man eine Gleichung, die nur Zahlen (keine Variablen) enthält?

33 Wie bezeichnet man eine Gleichung, die eine Variable enthält, und was erhält man, wenn man für die Variable Werte einsetzt?

34 Wie heißt die Menge aller Werte, die eine Gleichung erfüllen?

35 Wann wird eine Gleichung als linear bezeichnet?

36 Wofür steht der Doppelpfeil $\Leftrightarrow$ und was versteht man darunter?

37 Welche Typen linearer Gleichungen kann man mit höchstens zwei Äquivalenzumformungen lösen?

38 Durch welche Äquivalenzumformung wird die Gleichung $-12 = 3 - 5x$ gelöst?

39 Manchmal entfällt die Gleichungsvariable während des Lösens einer Gleichung. Wie lautet die Lösungsmenge, wenn dabei

a) eine wahre Aussage entsteht?

b) eine falsche Aussage entsteht?

40 Eine Gleichung wurde bereits gelöst. Wie führt man jetzt die Probe durch?

___/6 **1** Bestimme die Lösungsmenge über der Grundmenge $G_x = \{-2; 0; 1; 5\}$ durch Einsetzen.

a) $4x - 5 = 15$ b) $-3 \cdot (6 - x) = -24$ c) $x \cdot (x - 1) = 0$

___/4 **2** Stelle fest, ob die Gleichung linear ist.

a) $3x + 9 = 8 - 2x$

b) $3 \cdot (x + 3) = 2 \cdot (4 - x)$

c) $x \cdot (2 - 3x) = 2x + 5$

d) $x \cdot (2x - 3) = 2x^2 + 5x$

___/8 **3** Ist die entsprechende Gleichung über der Grundmenge $G_x = \mathbb{N}$ lösbar?

a)

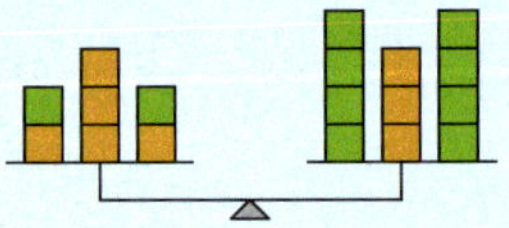

b)

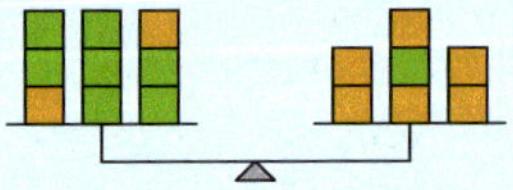

c) Wodurch wird die Lösungsmenge einer Gleichung maßgeblich beeinflusst?

10 : 4 = 4,5
8

4 Löse die Gleichung und mache auch die Probe. ___/6

a) $\frac{1}{2} \cdot (6 - 2x) = x + 8$

b) $3 \cdot (2x + 1) + x = 3 \cdot (2 - x) + 1$

+6x +3 +x = +6 -3x +1
+6x +3x +x = -3 +6 +1
9x + x = +3 +1
+10x = 4
x = +4,5

5 Berechne. ___/6

a) Das Dreifache der gesuchten Zahl ist um 2 größer als das Fünffache derselben um 4 verminderten Zahl.

b) Der Flächeninhalt eines Rechtecks, dessen längere Seite doppelt so lang ist wie die kürzere Seite, ändert sich nicht, wenn man die längere Seite um 5 cm verkürzt und die kürzere Seite um 5 cm verlängert.

Gesamtpunktzahl ___/30

5 Ungleichungen

Ungleichungen sind das „Gegenstück" zu Gleichungen (→ Kapitel 4), denn hier sollen zwei Terme nicht gleich sein, sondern eine der Relationen „<", „≤", „>" oder „≥" erfüllen. So gibt es zahlreiche Fragestellungen, die auf eine Ungleichung führen, z. B.:

- **Für welche Zahlen ist ihr um 2 Vermindertes kleiner als ihre Hälfte?**
- **Bei welcher Abwurfgeschwindigkeit fliegt ein Ball weiter als 35 m?**
- **Wann muss ich spätestens in München losfahren, um Frankfurt bis 12.00 Uhr zu erreichen?**

5.1 Ungleichungen als Aussageformen

Definition

Wenn man zwei Terme T_1 und T_2 durch eines der Relationszeichen $<$, $\leq$, $>$ oder $\geq$ verbindet, so spricht man von einer **Ungleichung**.
Wie schon von den Gleichungen her bekannt, unterscheidet man:

1. Falls beide Terme keine Variable enthalten, dann stellt die Ungleichung eine **wahre oder falsche Aussage** dar.
2. Falls mindestens einer der Terme eine Variable, z. B. x, enthält, so liegt eine **Aussageform** vor, die beim Einsetzen bestimmter Werte aus der **Grundmenge G_x** in eine wahre oder falsche Aussage übergeht. Alle Elemente aus G_x, die auf eine wahre Aussage führen, bilden die **Lösungsmenge**.

Beispiel 1:

a) Folgende Ungleichungen stellen Aussagen dar:
$3 > 2$ (wahr) $3 \geq 3$ (wahr) $3 > 4$ (falsch) $3 \leq 4$ (wahr)

b) Folgende Ungleichungen sind Aussageformen, deren Lösungsmengen über $G_x = \mathbb{Q}$ am Zahlenstrahl verdeutlicht werden. Die „Haken" der Intervallabschlüsse „]" oder „[" weisen zu demjenigen Bereich, dem der Randwert zugerechnet wird:

$x > -2$

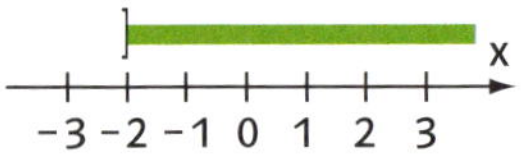

$x \leq 4$

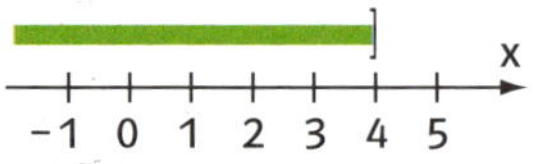

$x^2 < 1$

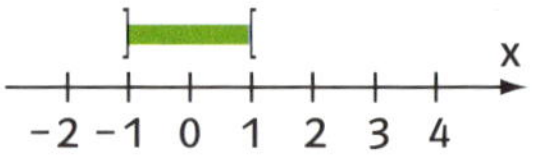

1 Setze die nächstliegende ganze Zahl ein, für die eine wahre Aussage entsteht.

a) $6 <$ ____ b) $6 \leq$ ____ c) $-2{,}4 >$ ____ d) $-2{,}4 \geq$ ____

2 Setze die nächstliegende ganze Zahl ein, für die eine falsche Aussage entsteht.

a) $8 <$ ____ b) $8 \leq$ ____ c) $-4{,}5 >$ ____ d) $-4{,}5 \geq$ ____

3 Notiere die passende Ungleichung zu der abgebildeten Lösungsmenge.

a) 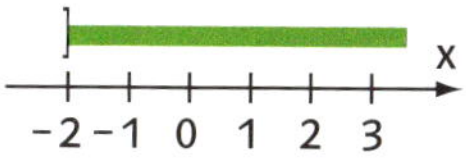

b) 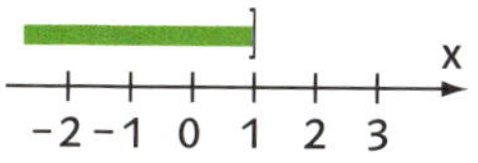

c) 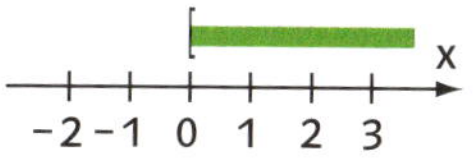

____ ____ ____

4 Stelle die Lösungsmenge über $G_x = \mathbb{Q}$ auf einem passend skalierten Zahlenstrahl dar:

a) $x \leq 5$ b) $x > -6$ c) $x < 0$

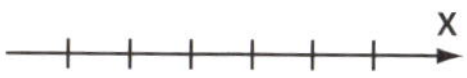

5.2 Ungleichungen lösen

Merke

Ungleichungen lassen sich, wie von den Gleichungen her schon bekannt, durch eine Abfolge geeigneter **Äquivalenzumformungen** (→ Kapitel 4) lösen. Allerdings sind hier **zwei Besonderheiten** zu beachten:
Multipliziert oder dividiert man eine Ungleichung mit, bzw. durch eine negative Zahl, so kehrt sich das Relationszeichen um!

Beispiel 2:

a) $x - 5 \leq 9 \quad | +5$
$\Leftrightarrow \quad x - 5 + 5 \leq 9 + 5$
$\Leftrightarrow \quad x \leq 14$
$L = \{x \in \mathbb{Q} \mid x \leq 14\} = \mathbb{Q}^{\leq 14}$

b) $-5x \geq 20 \quad | :(-5)$
$\Leftrightarrow \quad -5x:(-5) \leq 20:(-5)$
$\Leftrightarrow \quad x \leq -4$
$L = \{x \in \mathbb{Q} \mid x \leq -4\} = \mathbb{Q}^{\leq -4}$

c) $-1 < 2{,}5 - 0{,}5x \quad | -2{,}5$
$\Leftrightarrow \quad -3{,}5 < -0{,}5x \quad | \cdot (-2)$
$\Leftrightarrow \quad 7 > x$
$L = \{x \in \mathbb{Q} \mid x < 7\} = \mathbb{Q}^{<7}$

Tipp

Die Lösungsmenge einer Ungleichung wird als Teilmenge der Grundmenge angegeben, das heißt, als Teilmenge der Menge $\mathbb{Q}$, soweit keine andere Grundmenge vorgegeben wird.
So wird die im Beispiel 2 a) genannte Grundmenge $\{x \in \mathbb{Q} \mid x \leq 14\}$ so gelesen: „Lösung sind alle rationalen Zahlen x, für die gilt, dass x kleiner oder gleich 14 ist". Die Kurzschreibweise dafür lautet: $L = \mathbb{Q}^{\leq 14}$.

5 Die Bilder stellen Ungleichungen dar. Notiere und löse sie.

a)

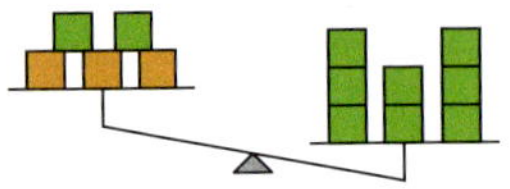

b)

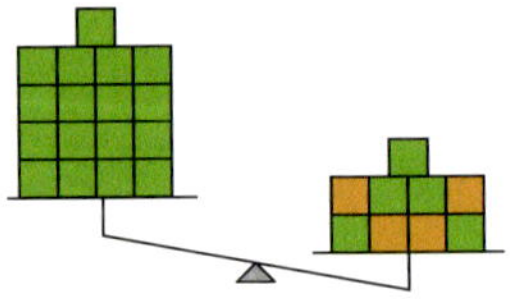

c)

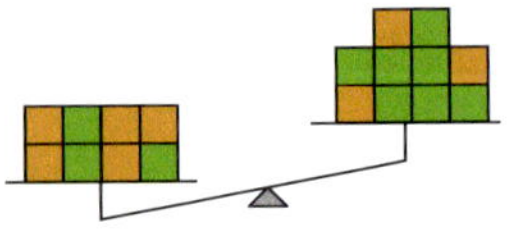

3x+2 |-2
3x

6 Gegeben sind die folgenden Zahlenbereiche:

(1)

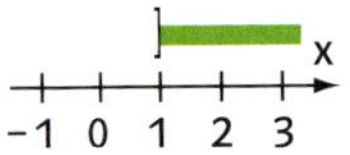

(2)

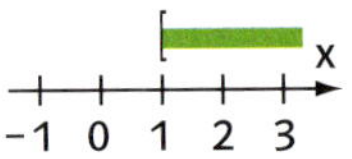

(3)

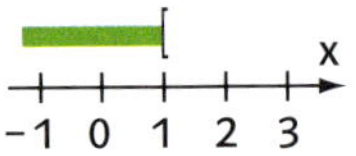

(4)

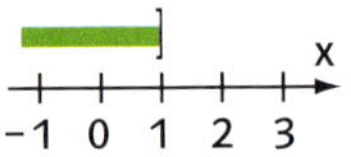

Löse die Ungleichung und weise ihr dann den entsprechenden Zahlenbereich zu.

a) $1 - \frac{1}{2}x \geq x - \frac{1}{2}$

b) $4{,}3x - 4{,}4 < 3{,}3x - 3{,}4$

c) $1{,}6 - 3{,}6x \leq 1{,}2x - 3{,}2$

7 Folgende Ungleichungen besitzen unter anderem die Lösung $x = 2$. Stelle zunächst fest, ob das Relationszeichen „<" oder „>" passt, und bestimme dann die vollständige Lösungsmenge.

a) $3 \cdot (4x - 8)$ ☐ $-2 \cdot (5 - 3x)$

b) $x \cdot (6x + 4) - 2x$ ☐ $(3x - 5) \cdot (2x - 2) - 1$

5.3 Textaufgaben

Tipp

Textaufgaben, die das Aufstellen und Lösen einer Ungleichung erfordern, werden grundsätzlich nach demselben Schema behandelt, wie es schon im Zusammenhang mit Gleichungen dargestellt wurde (→ Seite 43).
Allerdings braucht die Probe für Ungleichungen nur *mit einem beispielhaften Wert* aus dem Lösungsbereich durchgeführt zu werden.
Hierzu wählt man möglichst eine Zahl, die auf *einfache* Berechnungen führt.

Beispiel 3: Das 19-Fache einer Zahl, vermindert um 12, ist mindestens so groß, wie die Differenz aus 28 und dem 13-Fachen derselben Zahl. Welche Zahlen kommen infrage?

1. Lies den Text gründlich und lege die Variable x fest.	Gesuchte Zahlen: x
2. Setze den Text in Terme um.	„das 19-fache einer Zahl, vermindert um 12“: $\mathbf{19x - 12}$; „ist mindestens so groß“: $\geq$; „wie die Differenz aus 28 und dem 13-Fachen der Zahl: $\mathbf{28 - 13x}$
3. Stelle eine Ungleichung auf und löse sie durch Äquivalenzumformungen.	$19x - 12 \geq 28 - 13x \quad \mid +12$ $\Leftrightarrow \quad 19x \geq 40 - 13x \quad \mid +13x$ $\Leftrightarrow \quad 32x \geq 40 \quad \mid :32$ $\Leftrightarrow \quad x \geq 1\frac{1}{4}$
4. Mache die Probe für einen beliebigen Lösungswert.	Wähle z.B. $x = 2$, dann gilt: $19 \cdot 2 - 12 \geq 28 - 13 \cdot 2$ $38 - 12 \geq 28 - 26$ $26 \geq 2$ ✓
5. Formuliere einen Antwortsatz.	Die gesuchten Zahlen sind größer oder gleich $1\frac{1}{4}$.

8 Bestimme alle Zahlen, die infrage kommen (Nebenrechnung im Heft).

a) Das Sechsfache einer Zahl, vermindert um 75, ist kleiner als das Vierfache der Differenz aus 25 und derselben Zahl. ______________________

b) Das Dreifache einer Zahl, vergrößert um 10, ist nicht größer als das Negative derselben Zahl, vergößert um 50. ______________________

9 Zwei Taxi-Unternehmen bieten verschiedene Tarife an:

Tarif I: Grundgebühr: 2 € und 1,50 € pro Fahrt-Kilometer;

Tarif II: Grundgebühr: 5 € und 1,20 € pro Fahrt-Kilometer.

a) Herr Huber entscheidet sich für den Tarif II. Wie weit fährt er mindestens?

b) Eine rechteckige Rasenfläche soll einen Umfang von 40 m haben, wobei die längere Seite die kürzere Seite um mindestens 5 m übertreffen soll. Wie lang darf die kürzere Seite höchstens sein?

5.4 Verknüpfungen von Ungleichungen

Merke

Soll eine Variable, z. B. x, **zwei Ungleichungen** erfüllen, so hängt die Lösungsmenge davon ab, welche **logische Verknüpfung** zwischen den beiden Ungleichungen besteht:

1. Sind beide Ungleichungen durch ein **„und"** (in Zeichen: $\wedge$) verbunden, so muss jeder Lösungswert beide Ungleichungen gleichzeitig erfüllen.
2. Sind beide Ungleichungen durch ein **„oder"** (in Zeichen: $\vee$) verbunden, so muss jeder Lösungswert mindestens eine der Ungleichungen erfüllen.

Beispiel 4:

a) Die Variable x soll folgende beiden Ungleichungen gleichzeitig erfüllen: (1) $x > -1 \wedge$ (2) $x \leq 2$. Stelle die Lösungsbereiche am Zahlenstrahl dar und notiere auch die Lösungsmenge.

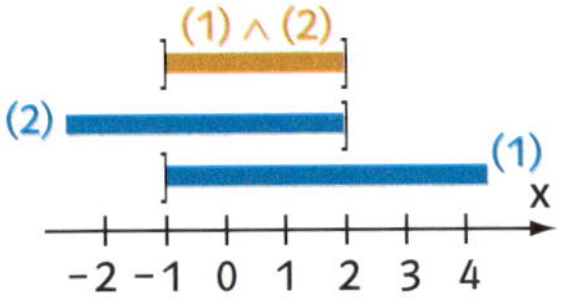

Die Lösungsmenge ist die **Schnittmenge** der beiden Lösungsbereiche (1) und (2):

$L = \mathbb{Q}^{>-1} \cap \mathbb{Q}^{\leq 2} = \{x \in \mathbb{Q} \mid -1 < x \leq 2\}$

b) Die Variable x soll mindestens eine der beiden Ungleichungen erfüllen: (1) $x \leq -1 \vee$ (2) $x > 2$. Stelle die Lösungsbereiche am Zahlenstrahl dar und notiere auch die Lösungsmenge.

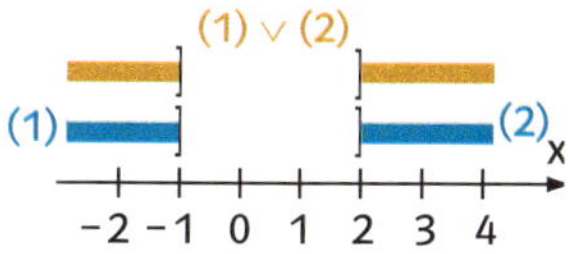

Die Lösungsmenge ist die **Vereinigungsmenge** der beiden Lösungsbereiche (1) und (2):
$L = \mathbb{Q}^{\leq -1} \cup \mathbb{Q}^{>2} = \{x \in \mathbb{Q} \mid x \leq -1 \vee x > 2\}$

10 Notiere die Lösungsmenge und stelle sie auf dem Zahlenstrahl dar.

a) (1) $x < 0 \quad \vee \quad$ (2) $x \geq 1$

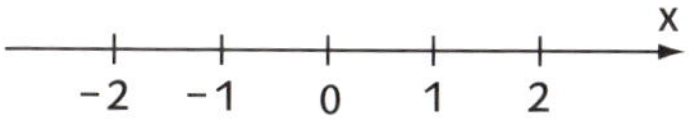

b) (1) $x \geq -2 \quad \wedge \quad$ (2) $x \leq 1$

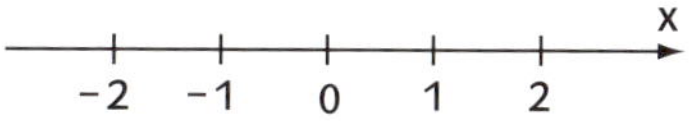

11 Löse die Bedingung in zwei gleichzeitig zu erfüllende Ungleichungen auf.

a) $-4 \leq x \leq -0{,}5$ ______

b) $0{,}999 < x \leq 1$ ______

c) $x = -1{,}6$ ______

12 Bestimme die Lösungsmenge für das Ungleichungspaar.

(1) $6 \cdot (x - 1) \geq 2 \cdot (x + 1) \quad \wedge \quad$ (2) $4 \cdot (x + 5) \geq 3 \cdot (3x - 5)$

41 Wie entsteht eine Ungleichung aus den Termen T_1 und T_2?

42 Was besagt die Ungleichung $a \leq b$?

43 Welche Bedeutung hat das Zeichen „]" am linken Rand des Lösungsbereichs?

44 Wodurch unterscheiden sich die Lösungen der Ungleichungen $x > 5$ und $x \geq 5$?

45 Welches Zeichen erscheint am rechten Rand des Lösungsbereiches bei einer Ungleichung vom Typ „$x \leq$ Zahl". Begründe kurz.

46 Wie nennt man die Rechenschritte, mithilfe derer man Ungleichungen löst?

47 Was passiert, wenn man eine Ungleichung mit einer negativen Zahl multipliziert, und wann tritt der angesprochene Effekt ebenfalls auf?

48 Eine Ungleichung wird durch Gewichte auf einer Waage veranschaulicht. Für welche Seite der Ungleichung steht dann die herabgedrückte Waagschale?

49 Wie macht man die Probe bei Ungleichungen? Worauf sollte man achten?

50 Was bedeuten die Zeichen „$\wedge$" und „$\vee$" zwischen zwei Ungleichungen?

1 Ordne der Abbildung die passende Ungleichung zu. ___/3

a) 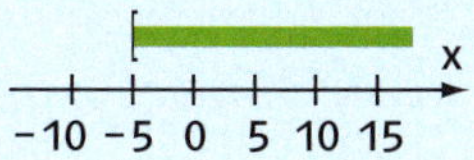

passend: Nr. ____

b) 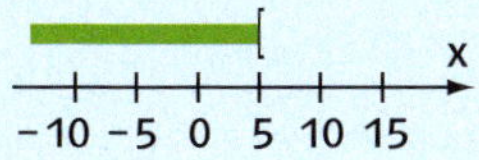

passend: Nr. ____

c) 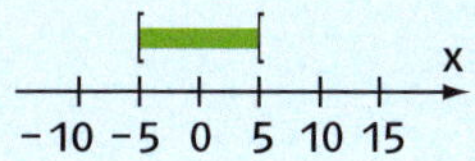

passend: Nr. ____

(1) $x > -5$ (2) $-5 < x < 5$ (3) $-5 \le x < 5$ (4) $x \le 5$ (5) $-5 \le x \le 5$

(6) $x < 5$ (7) $x \le -5$ (8) $-5 < x \le 5$ (9) $x \ge -5$ (10) $x > 5$

2 Notiere die Lösungsmenge (Nebenrechnung im Heft). ___/6

a) 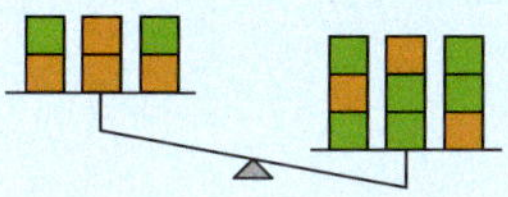

b) 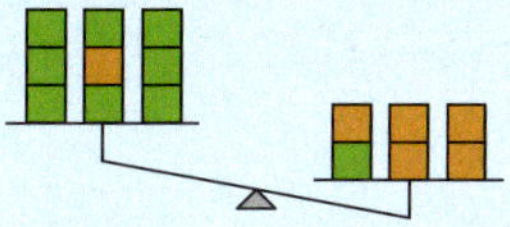

____

3 a) Das 15-Fache einer Zahl, vermindert um 74, soll nicht kleiner sein als das 8-Fache derselben Zahl, vergrößert um 52. Welche Zahlen kommen infrage? ___/6

____

b) Wie lang muss die Seite eines Quadrates mindestens sein, damit der Flächeninhalt zunimmt, wenn man die eine Seite um 2 cm verkürzt und die andere Seite um 3 cm verlängert?

____

4 Drücke den Sachverhalt jeweils durch zwei Ungleichungen aus. ___/4

a) Eine Zahl ist nicht kleiner als −3 und nicht größer als 12: ____________________

b) Eine Zahl ist größer als 14 oder nicht größer als 5: ____________________

5 Bestimme die Lösungsmenge für das Ungleichungspaar. ___/6

(1) $4 \cdot (x + 0{,}1) < 2 \cdot (5 - x)$ $\vee$ (2) $1{,}2 \cdot (5x - 2) \le 2 \cdot (x - 4)$

______________________ ______________________

______________________ ______________________

______________________ ______________________

______________________ ______________________

______________________ ______________________

Gesamtpunktzahl ___/25

6 Lineare Funktionen

Eindeutige Zuordnungen zwischen zwei Größen x und y sind in der Mathematik von großer Bedeutung. So führen z. B. folgende Fragestellungen auf solche Zuordnungen:

- **Wie ändert sich der Umfang y eines Quadrates mit seiner Seitenlänge x?**
- **Wie hängt die Länge y einer Schraubenfeder mit der angehängten Masse x zusammen?**
- **Wie beeinflusst die Tretleistung x die Herzfrequenz y eines Radfahrers?**

Derartige Zusammenhänge werden durch mathematische Funktionen beschrieben. Der einfachste Funktionstyp, der sich im Achsenkreuz als Gerade darstellen lässt, wird als linear bezeichnet.

6.1 Zuordnungen und Funktionen

Beispiel 1: Zwischen den Elementen zweier Mengen D und W können Zuordnungen durch gerichtete Pfeile von D nach W angezeigt werden. Von einer Funktion spricht man jedoch nur dann, wenn die Gesamtheit aller Zuordnungen **eindeutig** erfolgt, d. h., wenn von *jedem* Element von D *genau ein* Pfeil ausgeht:

a)

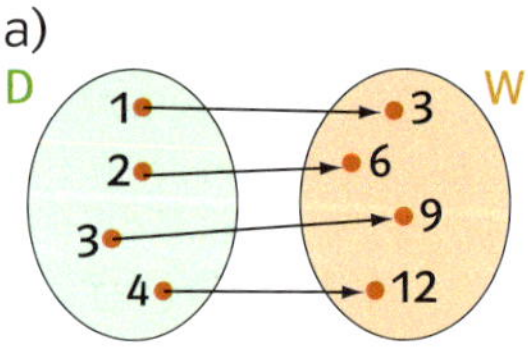

Hier liegt eine Funktion vor, weil von jedem Element aus D genau ein Zuordnungspfeil zu einem Element aus W zeigt. Diese Zuordnung ist eindeutig!

b)

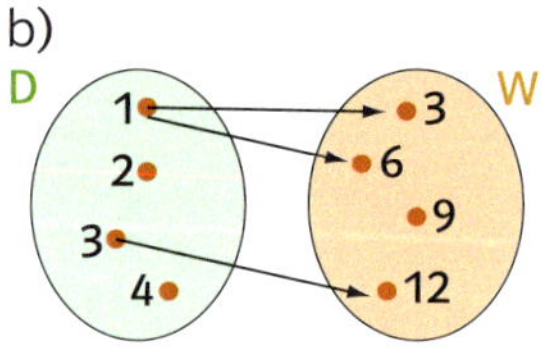

Hier liegt keine Funktion vor, weil vom Element 1 aus D zwei Zuordnungspfeile zu Elementen aus W zeigen. Diese Zuordnung ist nicht eindeutig!

c)

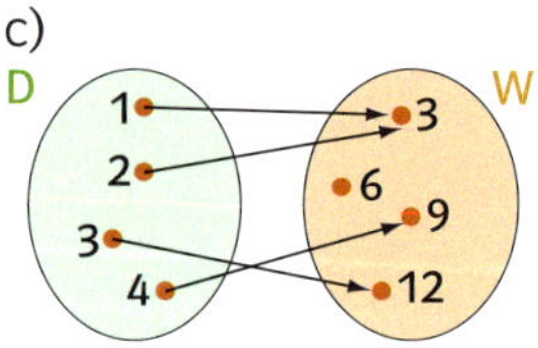

Hier liegt wieder eine Funktion vor, weil alle Zuordnungspfeile eindeutig sind. Zielelemente aus W können durchaus mehrfach (z. B. 3) oder gar nicht (z. B. 6) erfasst werden.

Definition

Unter einer **Funktion f** versteht man eine eindeutige Zuordnung zwischen den Elementen x einer ersten Menge, genannt **Definitionsmenge D**, und den Elementen y einer zweiten Menge, genannt **Wertemenge W**.
Man schreibt kurz: $f: x \mapsto y$ oder auch: $y = f(x)$. Die zugeordneten Zahlen lassen sich auch als **geordnete Zahlenpaare** $(x \mid y)$, bzw. $(x \mid f(x))$ notieren.

1 Gib alle geordneten Paare an und entscheide, ob es sich jeweils um eine Funktion handelt.

a)

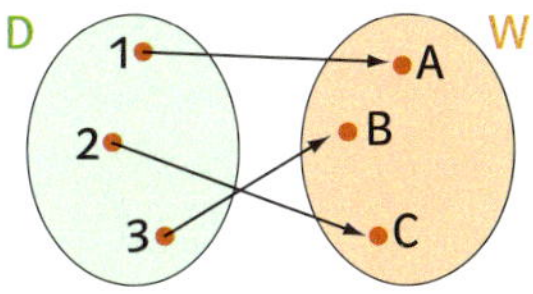

geordnete Paare:

(1|A); ____________

Funktion ☐ ja ☐ nein

b)

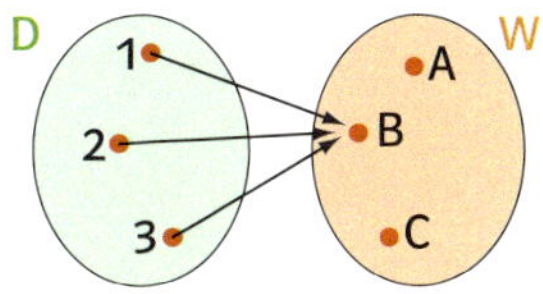

geordnete Paare:

____

Funktion ☐ ja ☐ nein

c)

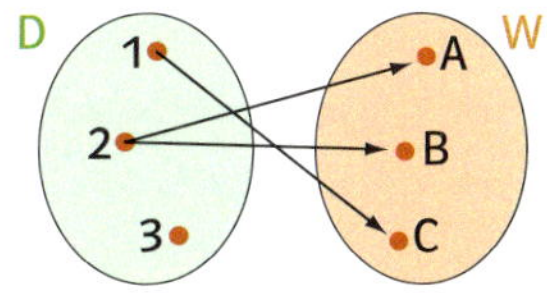

geordnete Paare:

____

Funktion ☐ ja ☐ nein

2 Gib die Definitions- und die Wertemenge an und entscheide, ob eine Funktion vorliegt.

geordnete Paare	Definitionsmenge	Wertemente	Funktion
a) (−5|5); (0|10); (5|−5); (10|15); (15|−10)			☐ ja ☐ nein
b) (−5|5); (0|−10); (5|10); (−10|5); (−5|0)			☐ ja ☐ nein
c) (−5|−5); (−10|10); (0|0); (10|10); (5|−5)			☐ ja ☐ nein

3 Gegeben ist die Definitionsmenge D = {1; 2; 3}.

a) Jan behauptet, dass er eine Funktion angeben kann, bei der durch das Umdrehen der Zuordnungspfeile eine neue Funktion entsteht. Wie könnte die Lösung aussehen? Zeichne oben ein.

Original:

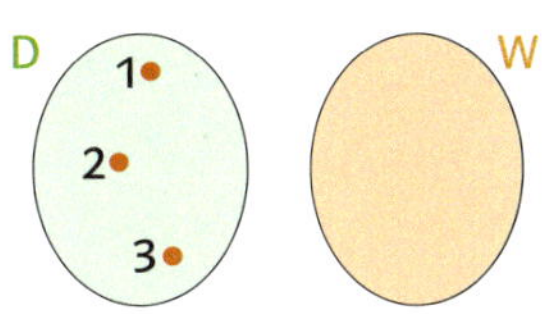

nach dem Umkehren:

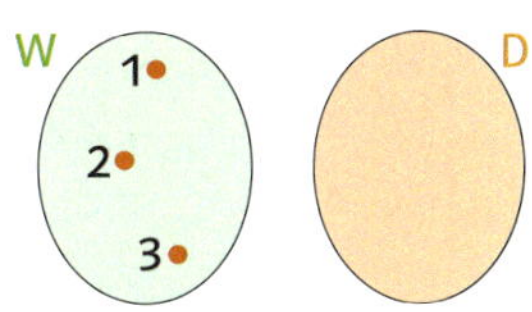

b) Wie viele verschiedene Lösungen sind möglich? – Gib alle diese Lösungen als geordnete Zahlenpaare an: ____________

____

____

6.2 Funktionsvorschriften

Beispiel 2: Im Beispiel 1 a) gehören die geordneten Zahlenpaare (1 | 3); (2 | 6); (3 | 9) und (4 | 12) zu einer Funktion, bei der sich der y-Wert stets durch Verdreifachung des x-Wertes ergibt. Man schreibt abkürzend: $y = 3x$ bzw. $f(x) = 3x$.

Definition

Erfolgen bei einer Funktion alle Zuordnungen $x \mapsto y$ nach einer einheitlichen Gesetzmäßigkeit, so schreibt man: $y = f(x)$.
$y = f(x)$ wird als **Zuordnungsvorschrift** oder auch als **Funktionsgleichung** bezeichnet.

4 Gegeben ist die Definitionsmenge $D = \{0; 1; 3; 5\}$.
Berechne alle Funktionswerte.

	$f(x) = -4x$	$f(x) = 3x - 5$	$f(x) = x^2 - x$
f(0)	$f(0) = -4 \cdot 0 = 0$		
f(1)			
f(3)			
f(5)			

5 Die Definitionsmenge sei die Menge der natürlichen Zahlen: $D = \mathbb{N}$.
Versuche, aus den drei ersten Zuordnungen die Zuordnungsvorschrift abzulesen, und berechne damit dann den folgenden Funktionswert f(4).

Zuordnungen f(1), f(2), f(3)	Zuordnungs-vorschrift	Funktionswert an der Stelle 4 f(4)
$1 \mapsto -2;\ 2 \mapsto -4;\ 3 \mapsto -6$	$f(x) = -2x$	$f(4) = -2 \cdot 4 = -8$
$1 \mapsto -3;\ 2 \mapsto -5;\ 3 \mapsto -7$		
$1 \mapsto -1;\ 2 \mapsto -\frac{1}{2};\ 3 \mapsto -\frac{1}{3}$		
$1 \mapsto \frac{1}{2};\ 2 \mapsto 2;\ 3 \mapsto 4\frac{1}{2}$		

6 Bestimme die Funktionsgleichung und gib auch die Definitionsmenge an.
Arbeite im Heft.

a) Das Sechsfache einer ganzen Zahl wird um 13 verkleinert.

b) Das Quadrat einer positiven rationalen Zahl wird um 7 vergrößert.

6.3 Proportionale Funktionen und ihre Graphen

Beispiel 3: Wenn eine Pumpe 1,6 Liter (ℓ) Wasser pro Sekunde (s) fördert, dann fördert sie in $2\,s \rightarrow 2 \cdot 1{,}6\,\ell = 3{,}2\,\ell$; $3\,s \rightarrow 3 \cdot 1{,}6\,\ell = 4{,}8\,\ell$; …
Wenn x die Zeit und y die Fördermenge bezeichnet, so kann man verallgemeinernd die folgende Zuordnungsvorschrift zwischen den Größen x und y aufstellen:
$y(\ell) = 1{,}6\left(\frac{\ell}{s}\right) \cdot x(s)$ oder auch kürzer: $f(x) = 1{,}6x$.

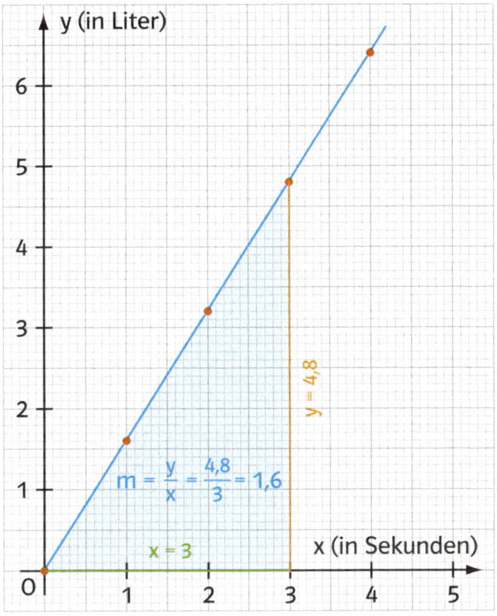

In einer Wertetabelle werden die geordneten Zahlenpaare (x | y) übersichtlich notiert, was die grafische Darstellung im Achsenkreuz erleichtert:

x(s)	0	1	2	3	4
y(ℓ)	0,0	1,6	3,2	4,8	6,4
$m = \frac{y}{x}\left(\frac{\ell}{s}\right)$	–	1,6	1,6	1,6	1,6

Der proportionalen Funktion $y = 1{,}6x$ entspricht also eine vom Koordinatenursprung (0 | 0) ausgehende Halbgerade, auf der die (roten) Funktionspunkte des Beispiels liegen.
Ihr Anstieg wird durch den Steigungsfaktor $m = 1{,}6\left(\frac{\ell}{s}\right)$ beschrieben.

Formel

Jeder proportionalen Zuordnung entspricht eine **proportionale Funktion** $y = f(x) = m \cdot x$ mit dem **Proportionalitätsfaktor** $m = \frac{y}{x}$.
Ihre grafische Darstellung hängt stets mit einer **Ursprungs-(Halb-)Geraden** zusammen, deren Anstieg durch den **Steigungsfaktor m** bestimmt wird.
m kann aus einem **Steigungsdreieck** beliebiger Größe berechnet werden.

7 Der Punkt P liegt auf einer Ursprungsgeraden. Berechne zunächst den Steigungsfaktor und gib die Funktionsgleichung an, ergänze dann die fehlenden Koordinaten der Punkte A und B auf derselben Geraden.
Nutze dein Heft für die Nebenrechnungen.

a) P(2,6 | 3,9); A(−4,2 |); B(| 12,75)

b) P(−5 | 3); A(2 |); B(| 3,6)

8

a) Ergänze die Wertetabelle einer proportionalen Funktion.

x	−3	−2	−1	0	1	2	3
y		1,8					
$m = \frac{y}{x}$							

b) Gib ihre Zuordnungsvorschrift an: ____________________

c) Zeichne im Heft ein Koordinatensystem (x- und y-Achse jeweils von −3 bis +3). Stelle die proportionale Funktion im Achsenkreuz dar und wähle für die verschiedenen Definitionsmengen unterschiedliche Farben:

(1) $D = \mathbb{N}_0$ (2) $D = \mathbb{Z}$ (3) $D = \mathbb{Q}_0^+$ (4) $D = \mathbb{Q}$

Tipp Achte bei der grafischen Darstellung einer (proportionalen) Funktion auf die zugrundeliegende Definitionsmenge! Ein Funktionsgraph kann z. B. aus einzelnen **Punkten**, aus einer **Halbgeraden** oder einer **Geraden** bestehen.

9 Bestimme zunächst die Steigungen der Geraden aus den vorgegebenen Steigungsdreiecken.

Fasse deine Beobachtungsergebnisse im Heft zusammen.

a)

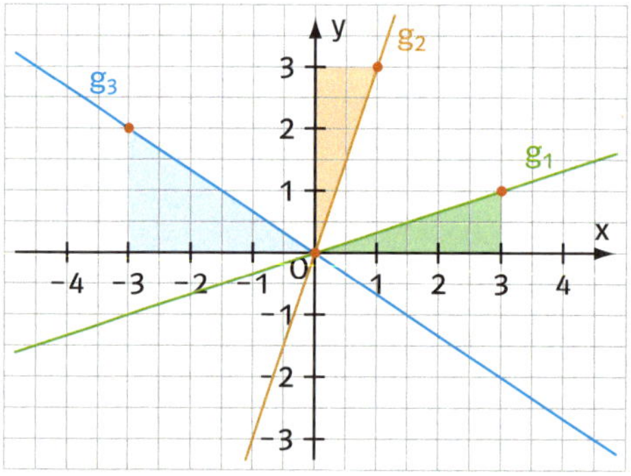

b)

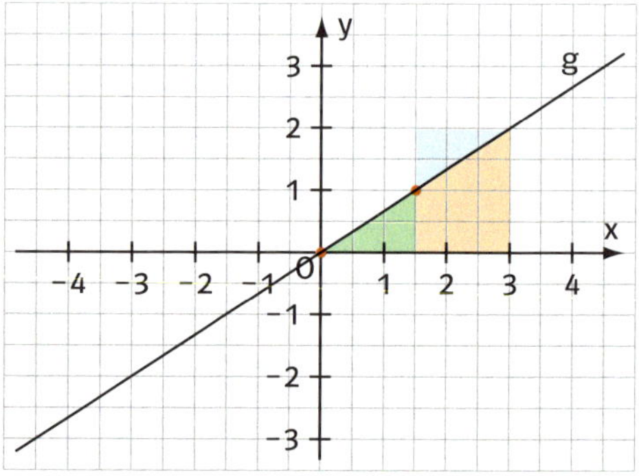

g_1 (grün): ____________________

g_2 (orange): ____________________

g_3 (blau): ____________________

grün (g): ____________________

orange (g): ____________________

blau (g): ____________________

6.4 Lineare Funktionen und ihre Graphen

Proportionale Funktionen sind, so wird sich in diesem Abschnitt zeigen, spezielle lineare Funktionen. Hier geht es nun um den allgemeineren Funktionstyp einer **linearen Funktion**.

Definition

Eine **lineare Funktion** besitzt stets eine Funktionsgleichung der Form $y = f(x) = mx + b$ und lässt sich im Achsenkreuz als Gerade darstellen. Dabei gibt der **Steigungsfaktor m** den Anstieg der Geraden an und der **Achsenabschnitt b** kennzeichnet diejenige Stelle, an der die y-Achse von der Geraden geschnitten wird.

Beispiel 4:

a) Eine 10 cm lange Schraubenfeder kann, je nach Richtung der einwirkenden Kraft x, gemessen in Newton (N), auf die Länge y verkürzt oder verlängert werden. Eine Messreihe führt auf die folgenden Wertepaare:

x (N)	−4	−3	−2	−1	0	1	2	3	4
y (cm)	4,0	5,5	7,0	8,5	10,0	11,5	13,0	14,5	16,0

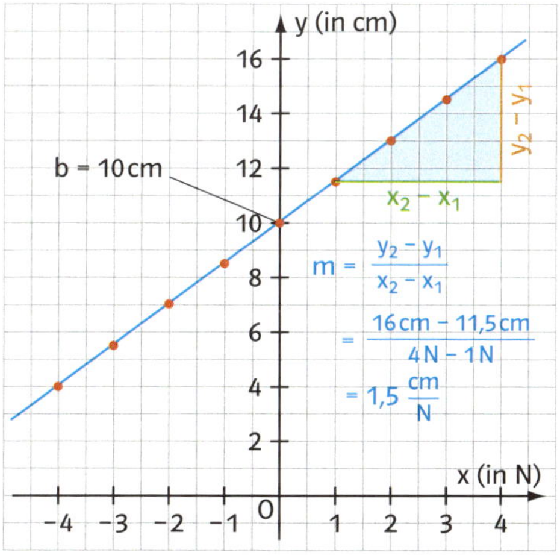

Alle Messpunkte liegen auf einer Geraden, die die y-Achse an der Stelle $b = 10\,\text{cm}$ schneidet. Das beliebig gewählte Steigungsdreieck führt auf den Steigungsfaktor $m = 1{,}5\,\frac{\text{cm}}{\text{N}}$. Mit den so ermittelten Werten für b und m lässt sich jetzt die lineare Funktionsgleichung aufstellen:

$$y(\text{cm}) = 1{,}5\,\frac{\text{cm}}{\text{N}} \cdot x + 10\,\text{cm}$$

b) Diese Funktionsgleichung erlaubt es nun auch, andere, nicht direkt gemessene Punkte der Geraden zu berechnen. So erhält man z. B. für die Kraft $x = -2{,}5\,\text{N}$ eine Federlänge von $y = 1{,}5\frac{\text{cm}}{\text{N}} \cdot (-2{,}5\,\text{N}) + 10\,\text{cm} = 6{,}25\,\text{cm}$.
Umgekehrt führt ein Länge von $y = 7{,}5\,\text{cm}$ auf eine Kraft von
$7{,}5\,\text{cm} = 1{,}5\frac{\text{cm}}{\text{N}} \cdot x + 10\,\text{cm} \Leftrightarrow x \approx -1{,}67\,\text{N}$.

10 a) Bestimme die Funktionsgleichungen aller abgebildeten Geraden.

g_1: y = ______

g_2: ______

h_1: ______

h_2: ______

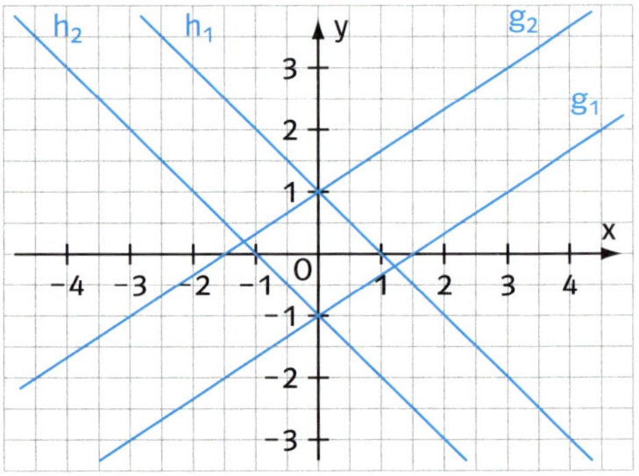

b) Vergleiche die Funktionsgleichungen und notiere deine Beobachtungsergebnisse im Heft.

11 Gegeben sind die Geraden
g_1: $y = -3x + 2$ und
g_2: $y = 1{,}5x - 2$.

a) Trage die Geraden g_1 und g_2 in das Achsenkreuz ein.

b) Beschreibe im Heft für g_1 und g_2, wie du von der Funktionsgleichung zur grafischen Darstellung kommst.

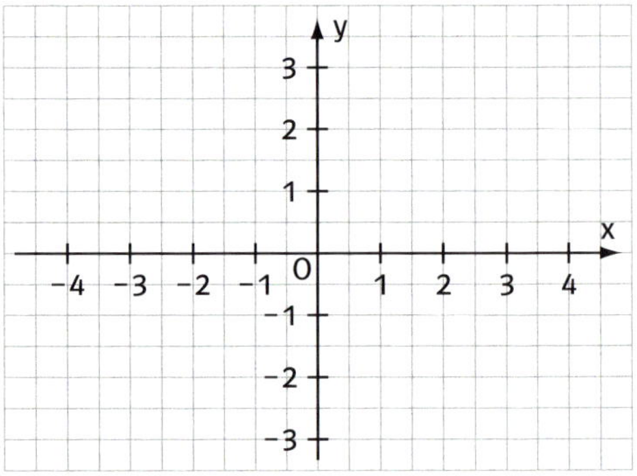

12 Bestimme im Heft rechnerisch die beiden Schnittpunkte der Geraden mit den Koordinatenachsen.

a) $y = 12{,}6x - 8{,}4$

b) $y = -\frac{5}{9}x - 1\frac{2}{3}$

6.5 Bestimmung linearer Funktionsgleichungen

Info plus

Aktienkurse, so auch der abgebildete Ausschnitt aus einem „Chart", verlaufen unregelmäßig. Aufgabe eines **Chart-Analysten** ist es, aus solchen Verläufen Trends zu erkennen und Prognosen zu erstellen. So wird der durch die Geraden g_1 und g_2 begrenzte Abwärtskanal beim grünen Punkt nach oben verlassen, was bei nachhaltiger Aufwärtstendenz als ein Kaufsignal für diese Aktie verstanden werden kann. Man sieht: Das Auffinden von Geraden gehört zum „Handwerkszeug" der Börsenprofis!

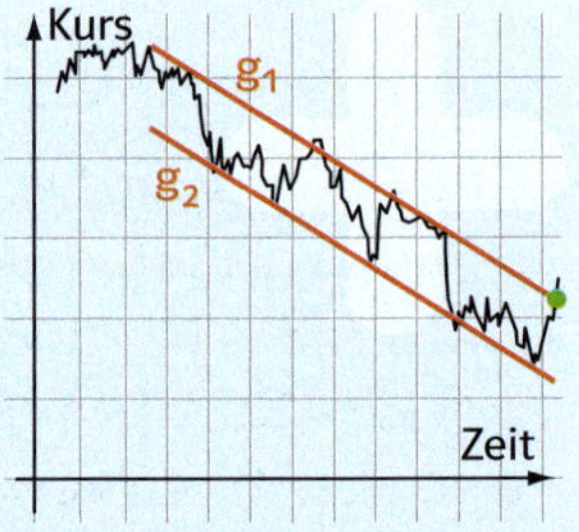

Beispiel 5: Eine Gerade verläuft mit der **Steigung** 3 durch den **Punkt** $A(-4|18)$.
Wie lautet die Funktionsgleichung?

1. Der Ansatz lautet $y = mx + b$ und mit $m = 3$ folgt sofort: $y = 3x + b$.
2. Nun setzt man die Koordinaten des Punktes A ein und berechnet:
   $18 = 3\cdot(-4) + b \Leftrightarrow 18 = -12 + b \Leftrightarrow b = 30$.
3. Die Funktionsgleichung lautet: $y = 3x + 30$.

13 Berechne im Heft, welche Gerade mit der Steigung m durch den Punkt A verläuft.

a) $m = 14{,}2$; $A(-1|-33)$ b) $m = 1\frac{3}{7}$; $A\left(2\frac{4}{5}\middle|\frac{1}{5}\right)$

14 Ein quaderförmiger Öltank mit den Abmessungen $a = 1{,}5\,m$, $b = 1{,}2\,m$ und $c = 1{,}7\,m$ ist fast leer und wird neu befüllt. Bei einem Zufluss von 120 Litern pro Minute dauert der Füllvorgang 21 Minuten und 30 Sekunden.
Beschreibe diesen Füllvorgang durch eine lineare Funktion.

Beispiel 6: Eine Gerade verläuft durch die **beiden Punkte** $A(2|3)$ und $B(5|27)$.
Wie lautet die Funktionsgleichung?

1. Der Ansatz lautet $y = mx + b$.
2. Die beiden Punkte führen auf die Gleichungen:
   A: $3 = m\cdot 2 + b \Leftrightarrow b = 3 - 2m$ (I) und
   B: $27 = m\cdot 5 + b \Leftrightarrow b = 27 - 5m$ (II)
3. Die beiden nach b freigestellten Gleichungen (I) und (II) werden gleichgesetzt:
   $3 - 2m = 27 - 5m \Leftrightarrow 3 + 3m = 27 \Leftrightarrow 3m = 24 \Leftrightarrow m = 8$
4. $m = 8$ wird in Gleichung (I) oder wahlweise auch in Gleichung (II) eingesetzt:
   $b = 3 - 2\cdot 8 \Leftrightarrow b = -13$
5. Die Funktionsgleichung lautet: $y = 8x - 13$.

15 Welche Gerade verläuft durch die Punkte A und B? Rechne im Heft.

a) $A(-1{,}5|-9{,}4)$; $B(1{,}5|9{,}8)$ b) $A\left(1\frac{1}{3}\middle|\frac{1}{2}\right)$; $B(-2|3)$

16 Weil Kerzen gleichmäßig abbrennen, fanden sie früher oftmals als Uhren Verwendung. Eine Kerze, die bereits seit 5 Stunden brennt, ist noch 12 cm lang, nach weiteren 4 Stunden misst man noch 8,8 cm. Beschreibe das Abbrennen der Kerze durch eine lineare Funktion. Rechne im Heft.

51 Was versteht man unter einer Funktion? ____________________

____

52 Gib zwei Möglichkeiten an, wie sich die Zuordnungen einer Funktion darstellen lassen. ____________________

53 Lassen sich die y-Werte einer Funktion durchgängig nach derselben Gesetzmäßigkeit aus den x-Werten berechnen, so besitzt diese Funktion eine

____________________ ,bzw. eine ____________________

54 Der y-Wert wächst auf das n-fache an, sobald auch der x-Wert auf das n-fache steigt. Wie kann eine derartige Zuordnung beschrieben werden und wie sieht der Funktionsgraph aus?

____

55 Der Anstieg einer Geraden kann berechnet werden mit der Formel:

____

56 Für proportionale Funktionen berechnet man den Anstieg, ____________________

____

57 Wann wird eine Funktion als „linear" bezeichnet?

____

58 Woran erkennt man an den Funktionsgleichungen, dass zwei Geraden parallel verlaufen? ____________________

59 Wenn sich zwei Geraden auf der y-Achse schneiden, dann ____________________

____

60 Was muss bekannt sein, um eine Geradengleichung bestimmen zu können?

____________________ oder ____________________

1 Für die Definitions- und die Wertemenge gilt übereinstimmend $D = W = \{1; 2\}$. Gib alle hierzu möglichen Funktionen als geordnete Zahlenpaare an und gib, falls möglich, auch die Zuordnungsvorschrift an. ___/4

____

____

2 Bestimme zu g_1 und g_2 die zugehörenden Funktionsgleichungen. ___/4

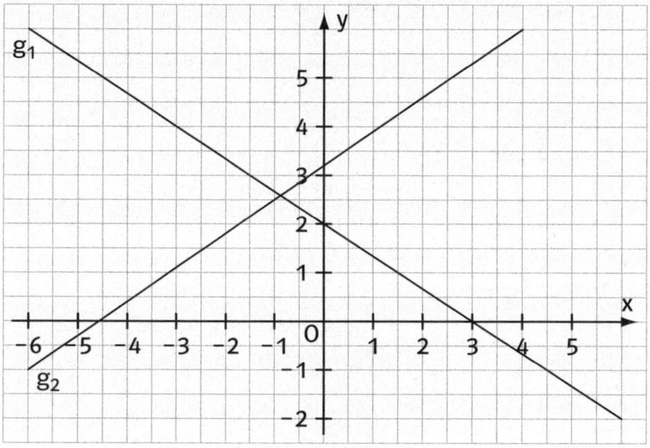

g_1 ______________

g_2 ______________

3 Lies zwei geeignete Punkte ab und stelle als Gerade im Achsenkreuz dar: ___/8

a) $y = -2x + 2$

b) $y = 2x - 2$

c) $y = 0{,}5x$

d) $y = -0{,}5x - 1$

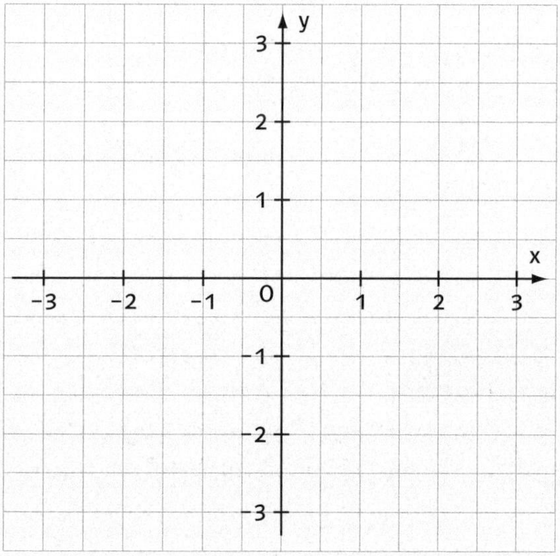

4 Rechne im Heft: Ein quaderförmiges Schwimmbecken ist 6 m lang, 4 m breit und soll durch einen Zulauf, der 50 Liter Wasser pro Minute liefert, auf eine Wassertiefe von 1,6 m fertig befüllt werden. Wie hoch stand das Wasser am Anfang, wenn die Befüllung nach 11 Stunden und 10 Minuten abgeschlossen ist? ___/4

Gesamtpunktzahl ___/20

7 Dreiecke und ihre Eigenschaften

Dreiecke treten bei Gegenständen des täglichen Lebens in vielfältiger Form auf, etwa als Verpackungsform von Lebensmitteln (Käse) oder als Konstruktionselemente in Technik und Architektur (Brückenträger, Dachgiebel). Für geometrische Konstruktionen verwendet man das Geodreieck, eine ganz spezielle Dreiecksschablone, bei der die Funktionen eines Lineals und eines Winkelmessers geschickt miteinander verbunden sind.

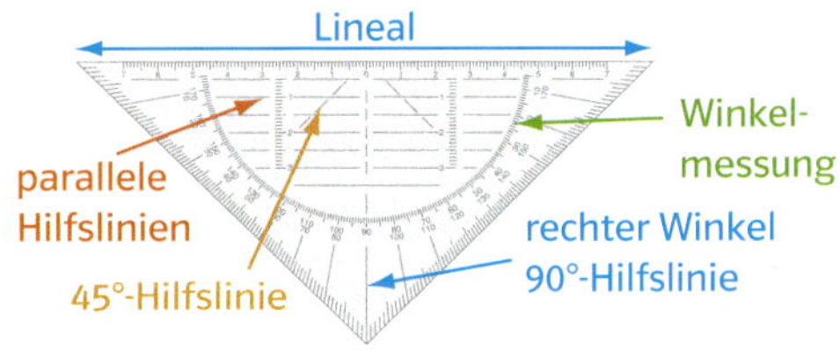

7.1 Winkelbeziehungen am Dreieck

Beispiel 1: Zu einem beliebigen Dreieck ABC soll durch den Punkt C die **Parallele** h zur Geraden g, die die Grundseite c enthält, konstruiert werden.

① Der Kreisbogen K_B um B vom Radius $r = a$ schneidet g im Hilfspunkt H.

② K_H ist der Kreisbogen um H vom Radius $r = a$.

③ Der Kreisbogen K_C um C, ebenfalls vom Radius $r = a$, schneidet K_H im Punkt D.

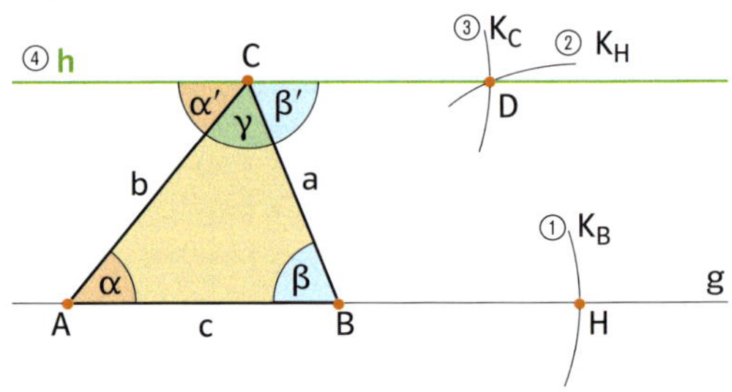

④ Die gesuchte Parallele h verläuft durch C und D. Für die drei Innenwinkel des Dreiecks α, β und γ ergeben sich die Schlussfolgerungen:

1. $\alpha' = \alpha$, denn **Wechselwinkel** an Parallelen sind maßgleich.
2. Ebenso gilt: $\beta' = \beta$
3. α', β' und γ bilden zusammen einen **gestreckten Winkel**, also:
   $\alpha' + \beta' + \gamma = 180°$, und wegen 1. und 2. folgt sofort: $\alpha + \beta + \gamma = 180°$.

Merke

Innenwinkelsummensatz

In jedem beliebigen Dreieck beträgt die **Summe der drei Innenwinkel** α, β und γ stets 180°. Es gilt also stets $\boldsymbol{\alpha + \beta + \gamma = 180°}$.

1 Berechne die fehlenden Innenwinkel des Dreiecks.

a) $\alpha = 54°$; $\beta = 39°$ ______ b) $\alpha = 2\gamma$; $\gamma = 48°$ ______

c) $\alpha = 0{,}75\gamma$; $\gamma = 2\beta$ ______

2 Gegeben: $\alpha_1 = 32°$; $\beta = 78°$; $\gamma = 80°$; $\delta = 124°$

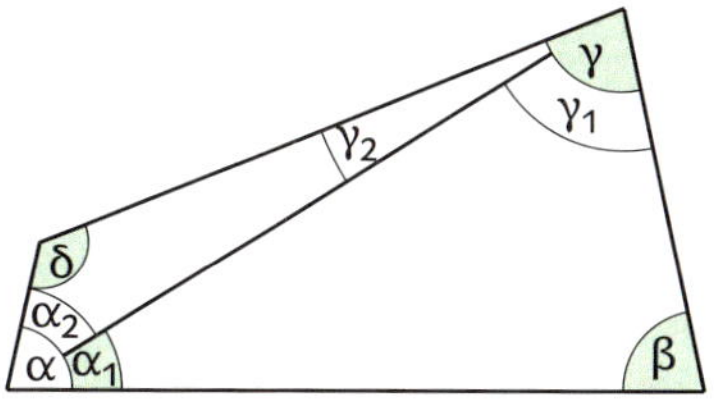

a) Bestimme alle fehlenden Winkelgrößen und die Innenwinkelsumme des Vierecks.

b) Zeige, dass sich, unabhängig von der Form des Vierecks, stets der in Teilaufgabe a) festgestellte Wert der Innenwinkelsumme ergibt.

7.2 Dreieckstypen

Definition

Man kann ein Dreieck nach der Größe seiner Innenwinkel klassifizieren. Ist bei einem Dreieck …

- jeder Innenwinkel (z. B. γ_1) kleiner als 90°, so ist es **spitzwinklig**.
- einer der Innenwinkel ein rechter Winkel (z. B. γ_2), so ist es **rechtwinklig**.
- einer der Innenwinkel (z. B. γ_3) größer als 90°, so ist es **stumpfwinklig**.

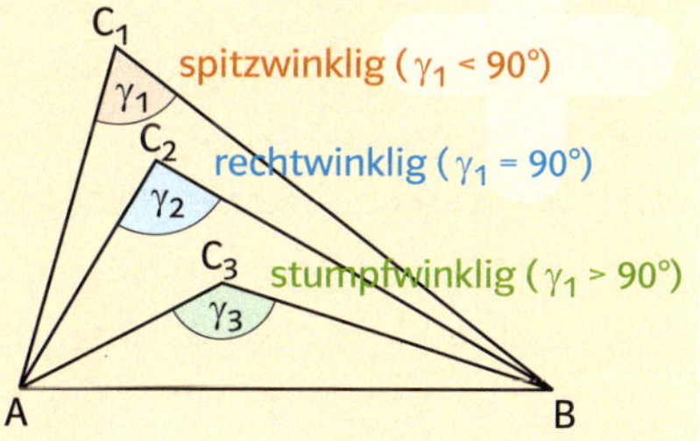

3 In dem abgebildeten Rechteck, in dem sich die Diagonalen im Punkt S schneiden, kann man verschiedene Dreiecke erkennen. Benenne alle …

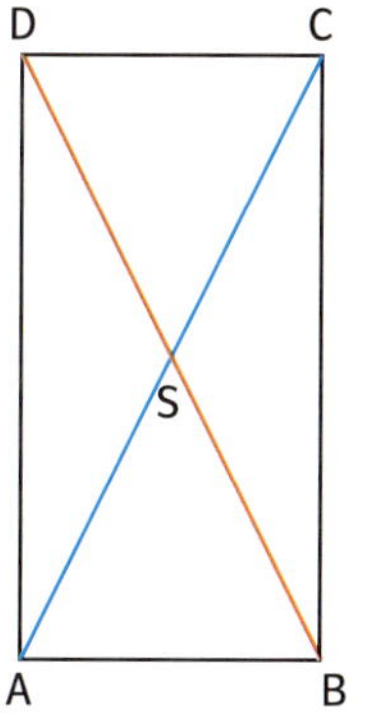

a) spitzwinkligen Dreiecke: ____________

b) rechtwinkligen Dreiecke: ____________

c) stumpfwinkligen Dreiecke: ____________

4 Entscheide, ob folgende Aussagen wahr [w] oder falsch [f] sind:

a) Ein Dreieck kann höchstens einen stumpfen Innenwinkel haben.

b) Ein rechtwinkliges Dreieck kann auch zwei rechte Innenwinkel besitzen.

c) Verdoppelt man den kleinsten Innenwinkel eines spitzwinkligen Dreiecks, so wird es stumpfwinklig.

d) Verdoppelt man den größten Innenwinkel eines spitzwinkligen Dreiecks, so wird es stumpfwinklig.

e) Halbiert man den größten Winkel eines stumpfwinkligen Dreiecks, so wird es spitzwinklig.

Definition

Besondere Dreiecke

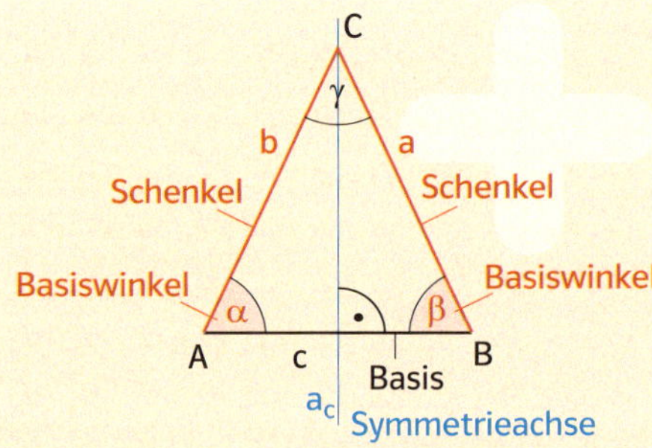

- Das **gleichschenklige Dreieck** besitzt zwei gleichlange Seiten, die **Schenkel** (z.B. a = b). Die Symmetrieachse (a_c) halbiert die **Basis** (c) und begründet gleich große **Basiswinkel** ($\alpha = \beta$).

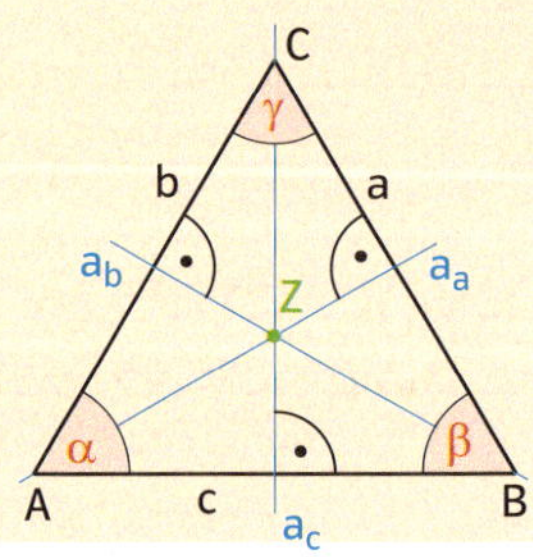

- Das **gleichseitige Dreieck** besitzt drei gleichlange Seiten (a = b = c). Die drei Symmetrieachsen a_a, a_b und a_c schneiden sich im Symmetriezentrum Z und halbieren jeweils eine der Dreieckseiten. Alle Innenwinkel sind gleich groß: $\alpha = \beta = \gamma = 60°$.

5 Berechne die fehlenden Winkel eines gleichschenkligen Dreiecks.

a) Basis: a = 7 cm; $\beta = 62°$ ____________________

b) $\gamma = 92°$ ____________________

c) Schenkel: b = c = 6 cm; $\alpha = 76°$ ____________________

6 Löse im Heft: Gegeben ist ein Kreis um den Mittelpunkt M von beliebigem Radius r. Carla sagt: „Wenn ich drei beliebige Punkte auf dem Kreis als Eckpunkte eines Dreiecks wähle, dann kann ich jedes so gebildete Dreieck in drei gleichschenklige Teildreiecke zerlegen." Hat Carla Recht?

7.3 Mittelsenkrechte und Umkreis

Beispiel 2: Mittelsenkrechten-Konstruktion zu einer Strecke $\overline{AB}$

① Die Kreisbögen K_A und K_B, deren Radien übereinstimmen und größer als die halbe Streckenlänge $\frac{1}{2} \cdot |AB|$ sind, schneiden sich in den Punkten P und Q.

② Die Gerade m durch P und Q schneidet die Strecke $\overline{AB}$ senkrecht in ihrem Mittelpunkt M und wird als Mittelsenkrechte bezeichnet.

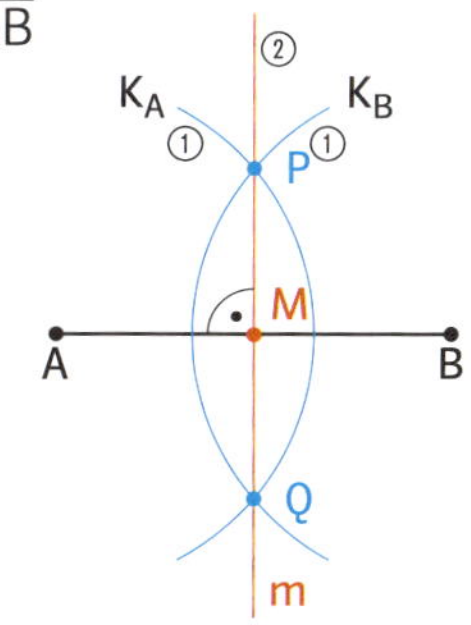

Diese Konstruktion kann natürlich auch für jede Seite eines beliebigen Dreiecks durchgeführt werden.

Merke

In einem Dreieck verläuft jede der drei **Mittelsenkrechten m_a, m_b und m_c** senkrecht zur entsprechenden Dreieckseite a, b oder c durch den entsprechenden Seitenmittelpunkt M_a, M_b oder M_c.
Die Mittelsenkrechten schneiden sich stets in einem gemeinsamen Punkt, dem **Mittelpunkt M des Umkreises** durch die Eckpunkte A, B und C. Folglich erfüllt der Radius die Bedingungen:
$r = |AM| = |BM| = |CM|$.
Weiterhin gilt: Der Schnitt- und Mittelpunkt M liegt
- bei spitzwinkligen Dreiecken innerhalb des Dreiecks;
- bei rechtwinkligen Dreiecken auf dessen längster Seite (der Hypotenuse);
- bei stumpfwinkligen Dreiecken außerhalb des Dreiecks.

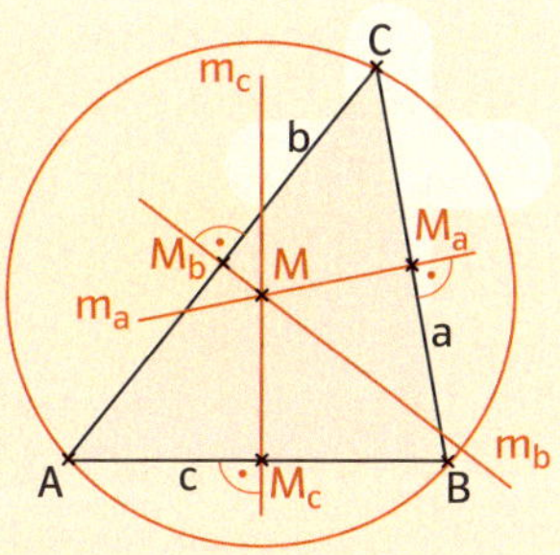

7 Wo treffen sich die Mittelsenkrechten eines Geodreiecks? Begründe.

8 Die drei Ortschaften A-Dorf (2|2), B-Dorf (7|4) und C-Dorf (5|7) planen den Bau eines neuen Einkaufszentrums M, das von allen drei Ortschaften auf direktem Wege erreichbar und gleich weit entfernt sein soll. Bestimme seine Lage durch eine geeignete Konstruktion, die du kurz im Heft beschreibst, und gib seine Koordinaten an.

M (___|___)

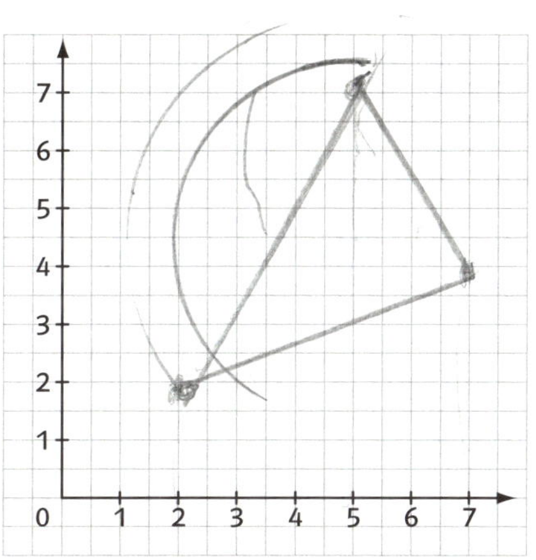

Dreiecke und ihre

Tipp Soll zu einem Dreieck der Mittelpunkt des Umkreises bestimmt werden, so genügt es, *zwei* der drei Mittelsenkrechten zu bestimmen, denn die dritte Mittelsenkrechte verläuft stets durch den Schnittpunkt der ersten beiden und liefert deshalb keinen zusätzlichen Beitrag zur Konstruktion.

7.4 Seitenhalbierende und Schwerpunkt

Merke In einem Dreieck verläuft jede der drei **Seitenhalbierenden s_a, s_b und s_c** vom Mittelpunkt der entsprechenden Seite a, b oder c zur gegenüberliegenden Ecke A, B oder C. Sie schneiden sich stets in einem gemeinsamen Punkt, dem **Schwerpunkt S des Dreiecks**. Der Schwerpunkt liegt stets innerhalb des Dreiecks und teilt jede der Seitenhalbierenden im Verhältnis 2 : 1.

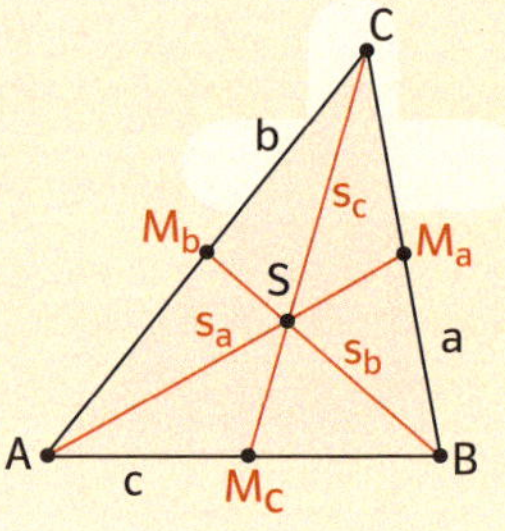

9 Gegeben sind die Eckpunkte eines Dreiecks A(−2 | 1), B (1 | −2) und C (3 | 2). Bestimme den Schwerpunkt S des Dreiecks ABC, indem du eine geeignete Konstruktion durchführst, sie kurz beschreibst und die Koordinaten von S angibst.

S (___ | ___)

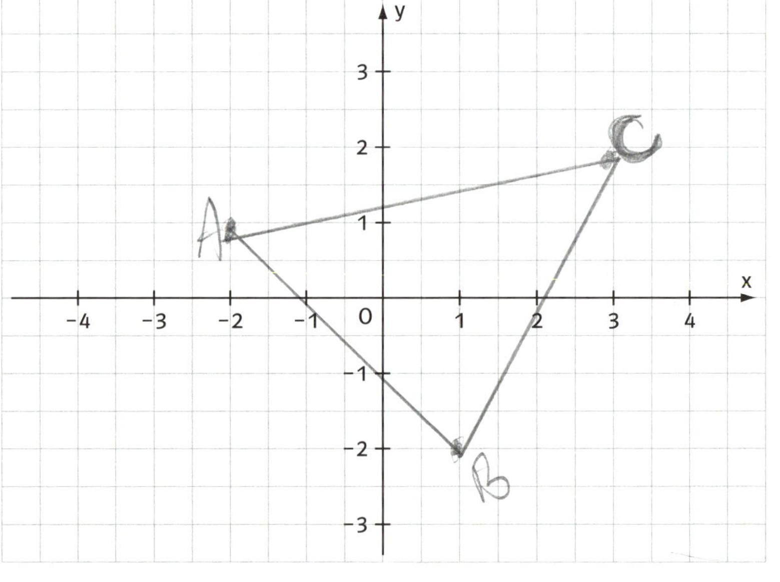

Info plus

Der griechische Philosoph Platon (427 - 347 v. Chr.) betrachtete **Gerade** und **Kreis** als gleichermaßen elementare und vollkommene Figuren, die nur ein **Lineal** (ohne Skala!), bzw. einen **Zirkel** erfordern.
So sollten sich alle weiteren Figuren, z. B. eine Parallele (→ Seite 66, Beispiel 1) oder eine (Mittel-)Senkrechte (→ Seite 69, Beispiel 2), aus diesen vollkommenen Figuren durch geeignete Schnittpunktbildungen herleiten (konstruieren) lassen. Natürlich erspart man sich mithilfe einer Linealskala manchen aufwendigen Konstruktionsschritt, was gerade bei umfangreichen Konstruktionen der Übersichtlichkeit dient.

7.5 Höhen und Flächeninhalt

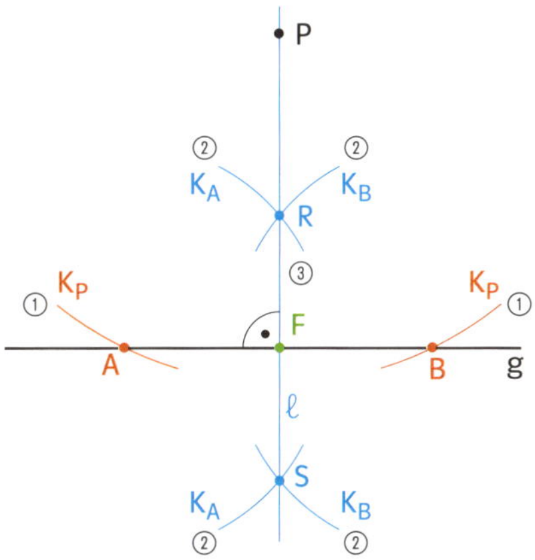

Beispiel 3: Von jedem Punkt P, der nicht auf der Geraden g liegt, lässt sich das **Lot** ℓ auf g fällen:
① Bei hinreichend großem Radius schneidet der Kreis K_P um P die Gerade g in den Punkten A und B.
② Bei hinreichend großem, aber gleichem Radius schneiden sich die Kreisbögen K_A um A und K_B um B in den Punkten R und S.
③ R oder S legen zusammen mit P die Mittelsenkrechte ℓ der Strecke $\overline{AB}$ fest. Sie ist zugleich das gesuchte Lot, das g im **Fußpunkt F** rechtwinklig schneidet.

Diese Konstruktion kann natürlich auch von jedem Eckpunkt eines Dreiecks aus bezüglich der gegenüberliegenden Seite ausgeführt werden.

Merke

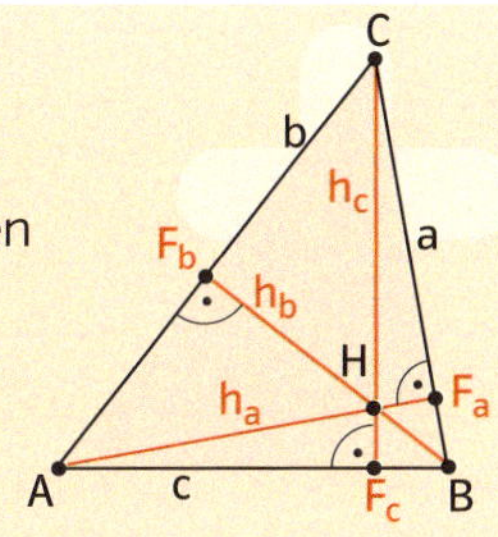

In einem Dreieck verläuft jede der drei **Höhen h_a, h_b und h_c** von dem entsprechenden Eckpunkt A, B oder C aus senkrecht zur gegenüberliegenden Dreiecksseite a, b oder c zum Fußpunkt F_a, F_b oder F_c.
Sie schneiden sich stets in einem gemeinsamen Punkt, dem **Höhenschnittpunkt H des Dreiecks**. Er liegt …
- bei spitzwinkligen Dreiecken innerhalb des Dreiecks;
- bei rechtwinkligen Dreiecken im Scheitelpunkt des rechten Winkels;
- bei stumpfwinkligen Dreiecken außerhalb des Dreiecks.

10 Gegeben sind die Eckpunkte eines Dreiecks A(−1|−2), B(3|2) und C(−3|3). Konstruiere den Höhenschnittpunkt H. Beschreibe kurz die Konstruktion im Heft und gib die Koordinaten von H an.

H(___|___)

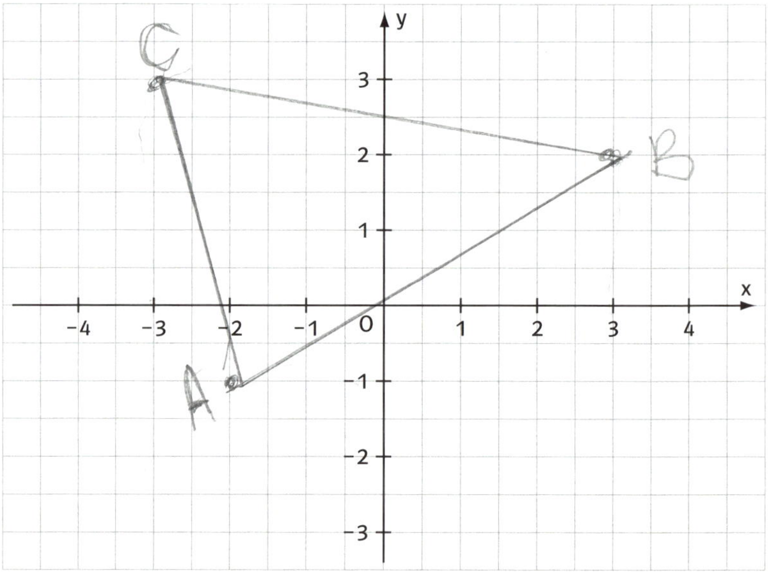

Formel

Flächeninhalt eines Dreiecks

Für jedes Dreieck kann sein Flächeninhalt mithilfe einer Seite und der zugehörenden Höhe berechnet werden: $A = \frac{1}{2}a \cdot h_a$ oder $A = \frac{1}{2}b \cdot h_b$ oder $A = \frac{1}{2}c \cdot h_c$.

Oft verwendet man auch die Formel $A = \frac{g \cdot h}{2}$. Dabei ist g die „Grundlinie" (also a, b oder c) und h die „Höhe auf der Grundlinie", (also h_a, h_b oder h_c).

11 Bestimme die fehlende Größe:

a) $b = 17{,}4\,\text{cm}$; $h_b = 2{,}23\,\text{dm}$ ____________________

b) $a = 41\,\text{dm}$; $A = 0{,}82\,\text{m}^2$ ____________________

c) $b = 16\,\text{cm}$; $c = 10\,\text{cm}$; $h_b = 8\,\text{cm}$ ____________________

12 In einem stumpfwinkligen Dreieck ABC ist der Winkel β größer als 90°. Zeige mithilfe einer geeigneten Zeichnung im Heft, dass der Flächeninhalt auch in diesem Fall mit der Formel $A = \frac{1}{2}c \cdot h_c$ berechnet werden kann.
Tipp: Zeichne das Dreieck ABC und verlängere c, bis die Höhe h_c auf die verlängerte Seite trifft.

7.6 Winkelhalbierende und Inkreis

Beispiel 4: Der von den beiden Schenkeln s_1 und s_2 gebildete und am Scheitelpunkt S liegende Winkel α wird durch die **Winkelhalbierende w_α** halbiert. Folgende Konstruktion ist durchzuführen:

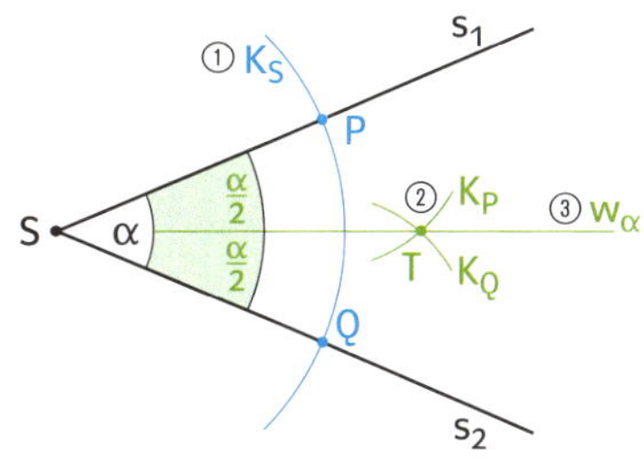

① Der Kreisbogen K_S um S schneidet s_1 und s_2 in den Punkten P und Q.

② Die Kreisbögen K_P und K_Q vom gleichen Radius um P und Q schneiden sich im Punkt T.

③ T legt zusammen mit S die Winkelhalbierende w_α fest.

Diese Konstruktion kann natürlich auch von jedem Eckpunkt eines Dreiecks aus durchgeführt werden, um die Innenwinkel zu halbieren.

Merke

In einem Dreieck verläuft jede der drei **Winkelhalbierenden w_α, w_β und w_γ** von dem entsprechenden Eckpunkt A, B oder C aus zum Schnittpunkt W_α, W_β oder W_γ der gegenüberliegenden Seite, und halbiert hierbei den entsprechenden Winkel α, β oder γ.
Die Winkelhalbierenden schneiden sich stets in einem gemeinsamen Punkt, dem **Mittelpunkt W des Inkreises**, der die drei Dreieckseiten von innen her berührt (tangiert).

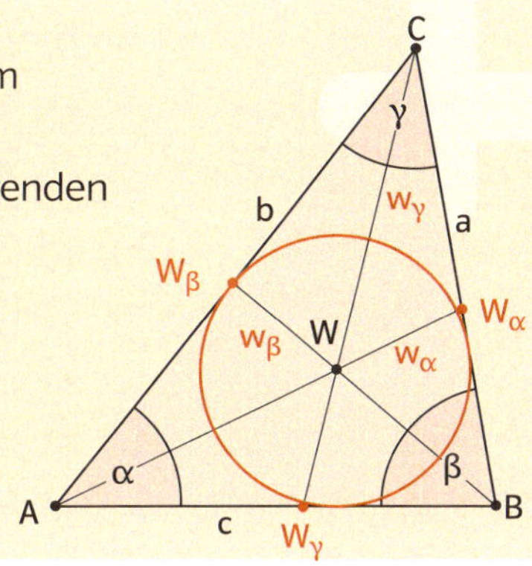

13 Die Konturen eines Geodreiecks liefern das Dreieck ABC. Konstruiere im Heft, soweit erforderlich, den Inkreismittelpunkt W und trage auch den Inkreis ein. Beschrifte vollständig.

14 Zeige zeichnerisch im Heft, dass bei einem gleichseitigen Dreieck der Schnittpunkt der Winkelhalbierenden gleichzeitig Mittelpunkt des Inkreises und des Umkreises ist und dass dabei der Umkreisradius doppelt so groß wie der Inkreisradius ist.
Beschreibe die Konstruktion und deine Überlegungen.

61 Wie lautet der Innenwinkelsummensatz? ____________________

62 Falls alle Innenwinkel kleiner als 90° sind, so ist das Dreieck __________,
ist einer der Innenwinkel größer als 90°, so ist es __________.

63 Wie nennt man ein Dreieck, das zwei gleich große Innenwinkel besitzt und wie nennt man diese Innenwinkel? ____________________

64 Wie nennt man ein Dreieck, das drei gleich große Innenwinkel hat?

____

65 Zu welchem Dreieckstyp gehört das Geodreieck?

____

66 Welche Bedeutung hat der Schnittpunkt der drei Mittelsenkrechten eines Dreiecks? ____________________

67 Wie ergibt sich der Schwerpunkt eines Dreiecks?

____

68 Welcher Dreieckstyp liegt vor, wenn die Höhe h_c nicht direkt auf die Dreieckseite c, sondern auf deren Verlängerung trifft?

____

69 Wie berechnet man den Flächeninhalt A eines Dreiecks? – Gib alle möglichen Formeln an.

____

70 Wie bestimmt man den Mittelpunkt des Dreieck-Inkreises?

____

71 Um den Inkreis zeichnen zu können, benötigt man seinen Radius. Wie ergibt sich dieser? ____________________

1 Berechne die fehlenden Innenwinkel des Dreiecks. ___/4

a) $\alpha = 2\beta = 40°$ ______

b) $3\alpha = 2\beta = 4\gamma$ ______

2 A ist Eckpunkt eines Dreiecks. Dann bezeichnet man die beiden Nebenwinkel α' des Innenwinkels α als „Außenwinkel". ___/4
Zeige: In einem Dreieck beträgt die Summe der Außenwinkel α', β' und γ' stets 360°.

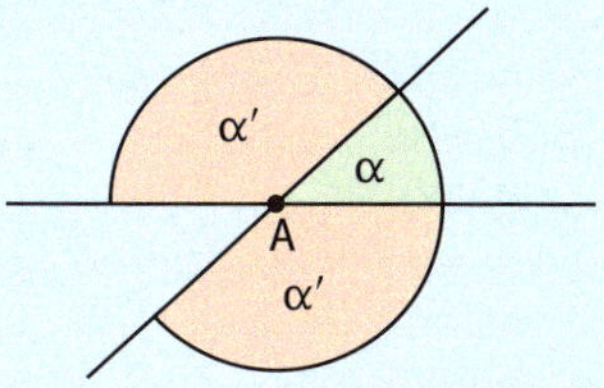

______

3 Gegeben sind die Eckpunkte eines Dreiecks A(2|1); B(7|2); C(3|6). ___/6
Zeichne das Dreieck und konstruiere seinen Inkreis.
Gib eine kurze Beschreibung deiner Konstruktion im Heft an.

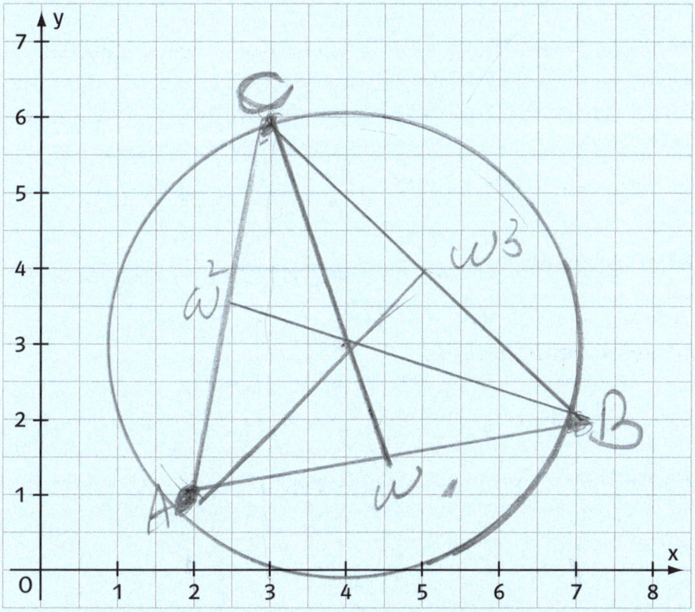

4 Für ein gleichschenkliges Dreieck mit der Basis $c = 5\,\text{cm}$ gilt $b = 1{,}68 \cdot c$ und $h_c = 8\,\text{cm}$. Berechne im Heft den Flächeninhalt und die Länge der Höhe h_a. ___/4

5 Was lässt sich in einem gleichseitigen Dreieck über die Mittelsenkrechten, Höhen, Seitenhalbierenden und Winkelhalbierenden sagen? ___/2

______

Gesamtpunktzahl ___/20

8 Geraden und Winkel am Kreis

Bisher wurden Gesetzmäßigkeiten zwischen Winkeln, die an zwei (Neben-, Scheitelwinkel) oder mehr Schnittgeraden (Stufen- und Wechselwinkel, Innen- und Außenwinkel) auftreten, untersucht. Treten Winkel an bestimmten Positionen eines Kreises auf, so ergeben sich weitere Gesetzmäßigkeiten.

8.1 Geraden am Kreis

Definition

Eine Gerade lässt sich bezüglich ihrer Lage zu einem gegebenen Kreis K vom Radius r um den Mittelpunkt M klassifizieren:

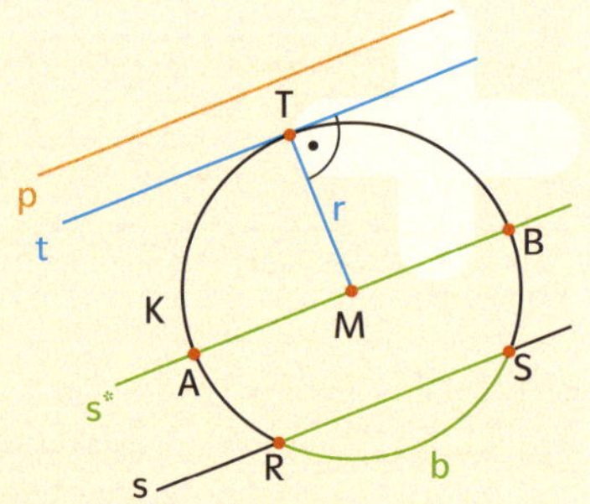

- Eine Gerade, die außerhalb des Kreises K verläuft, wird als **Passante** p bezeichnet. Sie hat keine gemeinsamen Punkte mit K.
- Eine Gerade, die den Kreis K in genau einem Punkt T berührt (tangiert), wird als **Tangente** t bezeichnet. t verläuft stets senkrecht zum **Berührradius** $r = \overline{MT}$.
- Eine Gerade, die den Kreis K in den beiden Punkten R und S schneidet, heißt **Sekante** s. Der Kreis schneidet aus s die **Sehne** $\overline{RS}$ aus, die ihrerseits den **Kreisbogen** b begrenzt. Verläuft eine Sekante s* durch den Mittelpunkt M, so wird die Sehne zum **Durchmesser** $\overline{AB}$.

1 Gegeben ist ein Kreis K vom Radius r um den Mittelpunkt M.

a) Bestimme alle Sekanten durch P, aus denen K eine Sehne der Länge r ausschneidet.
Gib im Heft eine kurze Beschreibung der Konstruktion an.

b) Bestimme diejenige Sekante durch P, aus der K einen Durchmesser ausschneidet.

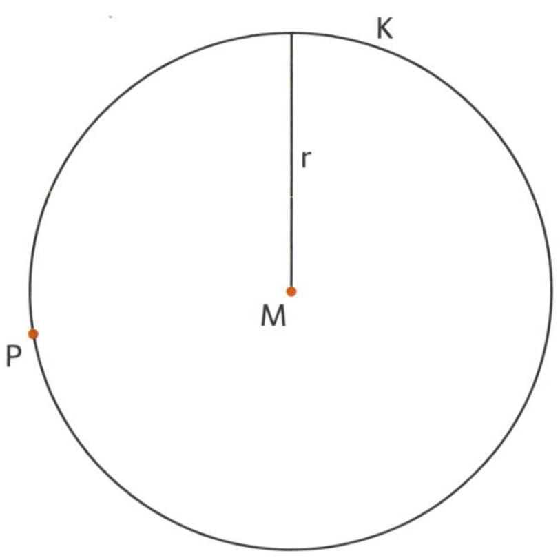

2 Zeichne im Heft einen Kreis K mit Radius 2,5 cm. Wähle auf der Kreislinie einen beliebigen Punkt T und konstruiere die Tangente t an K in T.
Beschreibe die Konstruktion.

8.2 Umfangs- und Mittelpunktswinkelsatz

Merke

Die Radien $\overline{AM}$ und $\overline{BM}$, die zwei beliebige Punkte A und B auf dem Kreisrand mit dem Mittelpunkt M verbinden, schließen den **Mittelpunktswinkel** α ein. Die Verbindungslinien $\overline{AP_i}$ und $\overline{BP_i}$ zu einem der Peripheriepunkte P_i (i = 1; 2; 3; …) schließen einen **Umfangswinkel** β_i ein. Dann gilt:

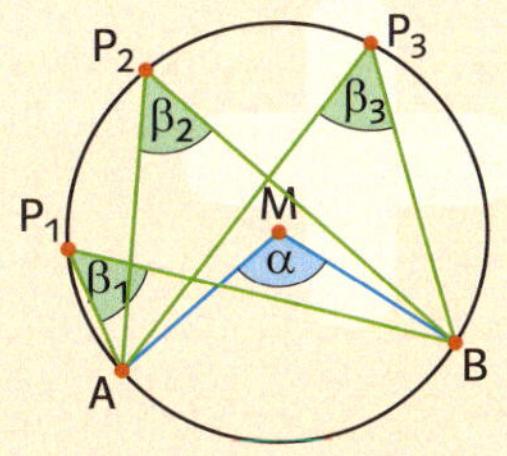

- **Umfangswinkelsatz:** Zu einem festen Mittelpunktswinkel sind alle Umfangswinkel gleich groß: $\beta_1 = \beta_2 = \beta_3 = \ldots$
- **Mittelpunktswinkelsatz:** Der Mittelpunktswinkel ist stets doppelt so groß wie ein zugehörender Umfangswinkel: $\alpha = 2\beta_1 = 2\beta_2 = 2\beta_3 = \ldots$

3 Zeichne um den Mittelpunkt M(−1 | −1) denjenigen Kreis K, der durch den Punkt A(−4 | −1) verläuft. Zeichne den Punkt P_1(−2 |) ein, wobei y > −1 sein soll. Von P_1 aus erscheint die Sehne $\overline{AB}$ unter einem Umfangswinkel von 65°. Bestimme die Koordinaten von B.
Bestimme den Mittelpunktswinkel α, der zur Sehne $\overline{AB}$ gehört. Wie verhalten sich die Winkel α und β zueinander? Bestimme die Peripheriepunkte P_2 und P_3, für die die Sehne $\overline{AB}$ die Basis eines gleichschenkligen Dreiecks ist und gib die Winkel $\sphericalangle BAP_2$ und $\sphericalangle BAP_3$ an.

P_1(−2 | ≈ ______)

B(≈ ______ | ≈ ______)

α = ______; α = ____ β
wegen

____

gilt stets α = ______

P_2(≈ ______ | ≈ ______)

$\sphericalangle BAP_2$ = ______________

P_3(≈ ______ | ≈ ______)

$\sphericalangle BAP_3$ = ______________

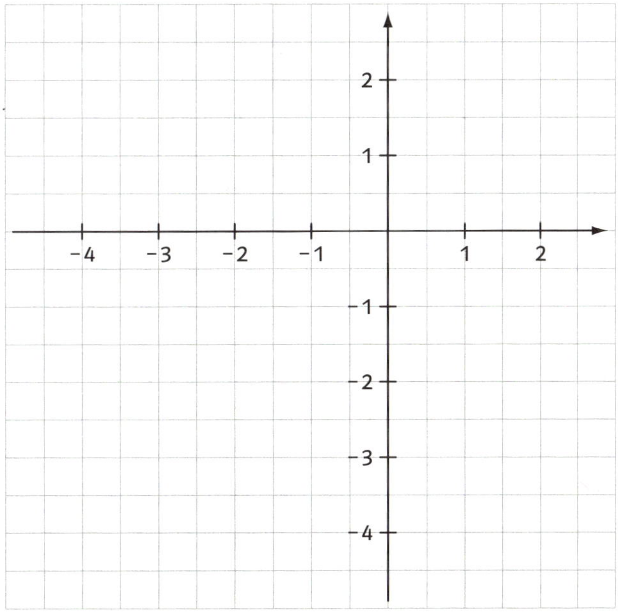

8.3 Der Satz des Thales

Merke

Jeder Strecke $\overline{AB}$ lässt sich ihr **Thaleskreis K*** zuordnen, dessen Mittelpunkt M der Mitte der Strecke $\overline{AB}$ entspricht und der die Punkte A und B enthält. Dann gilt der **Thalessatz:** Ein Dreieck ABC_i ($i = 1; 2; 3; \ldots$) besitzt genau dann einen **rechten Winkel** bei C_i, wenn der Eckpunkt C_i auf dem Thaleskreis K* liegt.

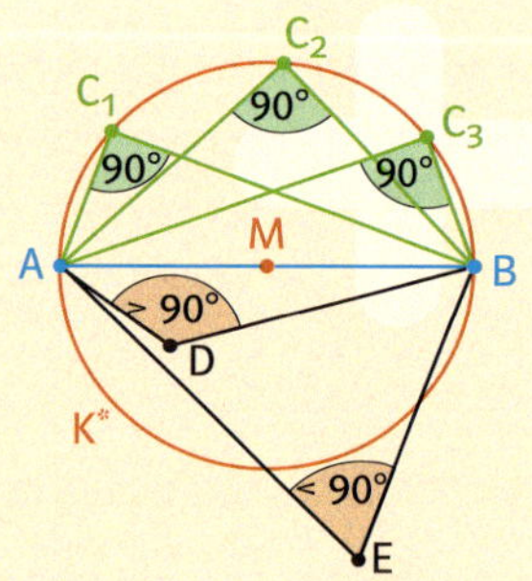

Außerdem gilt:

- Ein Dreieck ABD besitzt genau dann einen **stumpfen Winkel** bei D, wenn der Eckpunkt D innerhalb des Thaleskreises K* liegt.
- Ein Dreieck ABE besitzt genau dann einen **spitzen Winkel** bei E, wenn der Eckpunkt E außerhalb des Thaleskreises K* liegt.

4 Vervollständige.

a) Wenn der Punkt C auf dem Thaleskreis der Strecke $\overline{AB}$ liegt, dann ______

______

b) Wenn das Dreieck ABC am Eckpunkt C den rechten Winkel $\gamma = 90°$ aufweist,

dann ______

5 Berechne alle fehlenden Winkel und gib jeweils eine kurze Begründung.

$\gamma_1 =$ ______

$\delta_1 =$ ______

$\gamma_2 =$ ______

$\beta =$ ______

$\delta_2 =$ ______

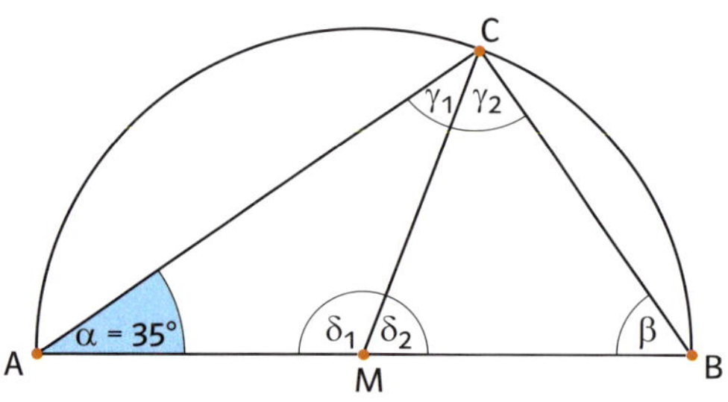

6 Konstruiere auf der nächsten Seite und beschreibe die Konstruktionen kurz im Heft.

a) An die Strecke $\overline{AB}$ wurde bereits im Punkt A der freie Schenkel s unter $\alpha = 40°$ abgetragen. Lege den Eckpunkt C des Dreiecks ABC so auf s fest, dass der Winkel γ ein rechter Winkel ist.

b) Gesucht wird ein Punkt C′, sodass das gleichschenklig-rechtwinklige Dreieck ABC′ den rechten Winkel $\gamma = 90°$ bei C′ aufweist.

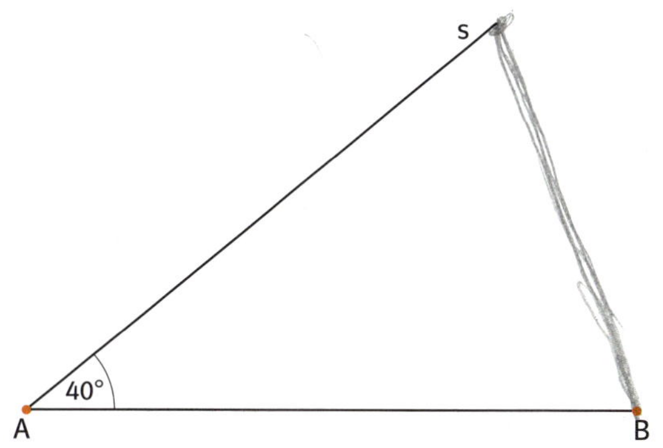

7 Lege vom Punkt P aus zwei Tangenten an den Kreis K um M. Beschreibe die Konstruktion kurz im Heft.

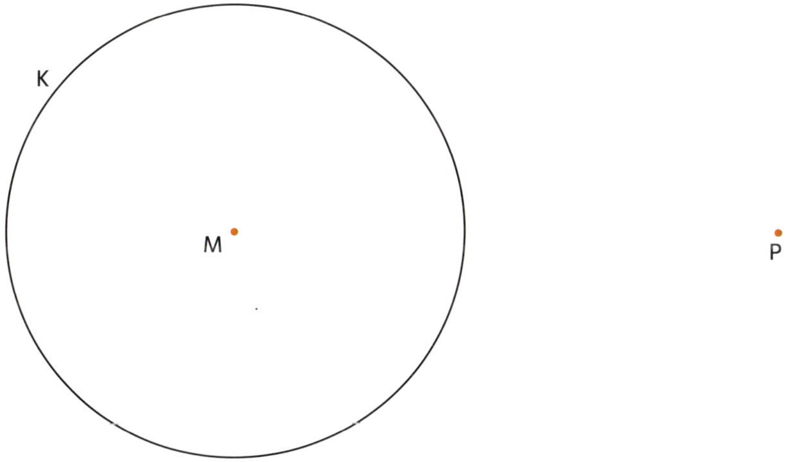

Info plus

Der griechische Mathematiker **Thales** (625 - 547 v. Chr.), der wegen seiner umfassenden mathematischen Leistungen zu den „Sieben Weisen" zählt, kannte und bewies unter anderem den nach ihm benannten „Thalessatz". Dabei handelt es sich um den bedeutsamen Spezialfall des Mittelpunktswinkelsatzes, der sich für einen Mittelpunktswinkel von 180° ergibt.
Er bewies auch wichtige Zusammenhänge an Dreiecken, z. B. den Basiswinkelsatz oder den Innenwinkelsummensatz, und er entwickelte ebenso geniale wie einfache Geräte und Verfahren zur Entfernungsmessung zu Lande und zur See.

72 Wie bezeichnet man eine Gerade, die einen gegebenen Kreis

a) in zwei Punkten schneidet? ______

b) in genau einem Punkt berührt? ______

c) weder schneidet noch berührt? ______

73 Was versteht man unter einem Berührradius?

______

74 Eine Sekante verläuft durch den Kreismittelpunkt. Dann ist die zugehörige Sehne ______.

75 Eine Sekante unterteilt einen Kreis in zwei Kreisbögen. Wie nennt man denjenigen Winkel, unter dem diese Sekante von einem Punkt auf dem größerem Kreisbogen aus erscheint? ______

76 Was besagt der Umfangswinkelsatz?

______

77 Man verbindet die Endpunkte einer Sekante mit dem Kreismittelpunkt, sodass dort ein Winkel gebildet wird. Vergleiche diesen Winkel mit einem entsprechenden Umfangswinkel. ______

78 Was versteht man unter dem Thaleskreis K^* einer Strecke $\overline{AB}$?

______

79 Eine Strecke $\overline{AB}$ wird durch den Punkt C zu einem Dreieck ergänzt. Was besagt der Thalessatz?

______

80 Eine Strecke $\overline{AB}$ wird durch den Punkt C zu einem Dreieck ergänzt. Dann ist der Winkel γ, der an der Ecke C auftritt, genau dann

a) ein spitzer Winkel, wenn ______

b) ein rechter Winkel, wenn ______

c) ein stumpfer Winkel, wenn ______

1 Zu einer Sehne $\overline{AB}$ gehören der Mittelpunktswinkel $\alpha = \sphericalangle AMB$ und die Umfangswinkel $\beta_1 = \sphericalangle AP_1B$ und $\beta_2 = \sphericalangle AP_2B$. Bestimme die fehlenden Winkel. ___/6

a) $\alpha = 127°$ $\beta_1 =$ ________ $\beta_2 =$ ________

b) $\alpha =$ ________ $\beta_1 = 76°$ $\beta_2 =$ ________

c) $\alpha =$ ________ $\beta_1 =$ ________ $\beta_2 = 13°$

2 a) Konstruiere die beiden Tangenten t_1 und t_2, die durch P verlaufen und den Kreis K in den Punkten T_1 und T_2 berühren. ___/11

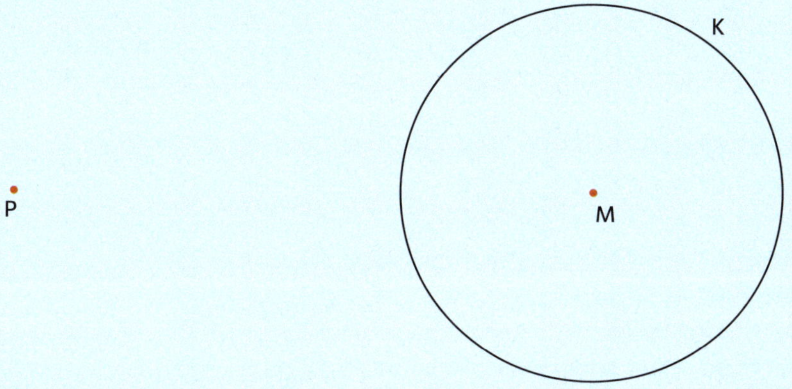

b) Miss den Schnittwinkel δ zwischen t_1 und t_2 aus und berechne den Mittelpunktswinkel $\alpha = \sphericalangle T_1MT_2$. $\delta =$ ______; $\alpha =$ ________________

c) Die Gerade g durch P und M schneidet den Kreis K in den Punkten S_1 und S_2. Unter welchen Winkeln γ_1 und γ_2 erscheint die Sehne T_1T_2 von S_1 und S_2 aus?

$\gamma_1 =$ ______; $\gamma_2 =$ ________________

3 Aus einem Baumstamm mit kreisförmiger Querschnittsfläche wird im Sägewerk ein Holzbalken mit rechteckiger Querschnittsfläche hergestellt, dessen eine Seitenlänge dem Kreisradius entspricht. Konstruiere die rechteckige Querschnittsfläche und gib im Heft eine kurze Beschreibung dieser Konstruktion an. ___/8

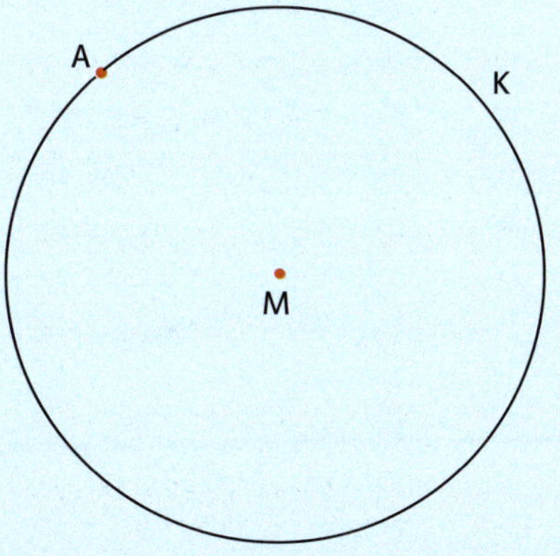

Gesamtpunktzahl ___/25

9 Konstruktion von Dreiecken

Wie viele Seiten und/oder Winkel eines Dreiecks muss man kennen, um es aus diesen Angaben eindeutig konstruieren zu können? Falls nämlich ein Satz von Angaben die eindeutige Lösbarkeit garantiert, dann sind alle Lösungsfiguren deckungsgleich, das heißt kongruent zueinander.

9.1 Kongruenzabbildungen im Überblick

Beispiel 1: Die beiden Dreiecke ABC und A′B′C′ sind kongruent, denn sie lassen sich durch eine **Verschiebung** zur Deckung bringen. Jeder Punkt des ersten Dreiecks kann durch eine Verschiebung um 3 Einheiten nach rechts und 1 Einheit nach oben, insgesamt ausgedrückt durch die Verschiebungspfeile $\vec{v}$, auf den entsprechenden Bildpunkt des zweiten Dreiecks abgebildet werden. Das gilt insbesondere auch für die Eckpunkte: $A \to A'$; $B \to B'$ und $C \to C'$.

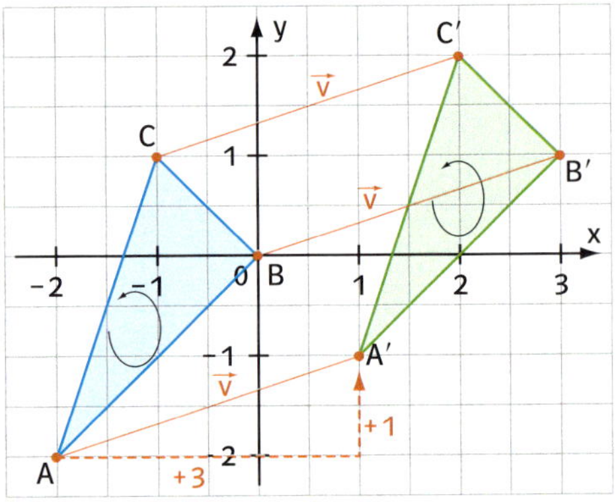

Der Umlaufsinn der Figur ändert sich hierbei nicht.

Merke

Zu den **Kongruenzabbildungen** zählt man **Verschiebungen**, **Achsenspiegelungen**, **Drehungen** und **Punktspiegelungen** (= 180°-Drehungen), sowie alle hieraus gebildeten **Kombinationen**.

Eine Kongruenzabbildung

- bildet jeden Originalpunkt einer Figur, z. B. eines Dreiecks, in einen entsprechenden Bildpunkt ab: $A \to A'$; $B \to B'$; …
  Die Bildfigur entsteht also punktweise.
- lässt alle Seitenlängen unverändert ($|A'B'| = |AB|$; $|B'C'| = |BC|$; …).
- lässt alle Winkel unverändert ($\alpha' = \alpha$; $\beta' = \beta$; …).
- lässt alle Flächeninhalte unverändert.

Während sich der **Umlaufsinn** einer Figur bei einer Achsenspiegelung ändert, bleibt er bei Verschiebungen, Drehungen und Punktspiegelungen erhalten.

1 Die Seite $\overline{BC}$ des Dreiecks ABC wurde bereits durch eine Achsenspiegelung auf $\overline{B'C'}$ abgebildet.

a) Bestimme die Lage der Spiegelachse a. Gib eine kurze Beschreibung deiner Konstruktion im Heft an.

b) Bestimme den Spiegelpunkt A′ und vervollständige das Spiegelbild des Dreiecks. Beschreibe deine Konstruktion kurz im Heft.

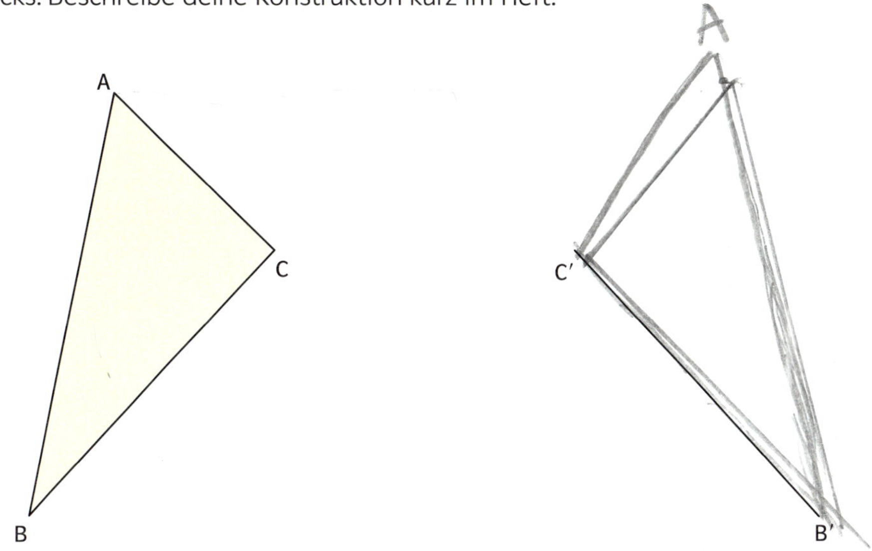

2 Die Seite $\overline{BC}$ des Dreiecks ABC wurde bereits durch eine Drehung auf $\overline{B'C'}$ abgebildet. Bestimme die Lage des Drehzentrums Z, die Größe des Drehwinkels φ und vervollständige das Bilddreieck durch den Bildpunkt A′. Beschreibe kurz deine Konstruktion im Heft.

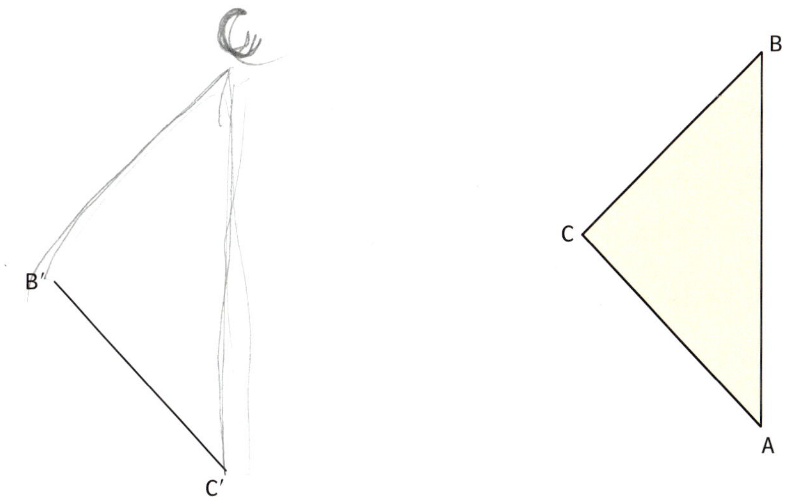

9.2 Der Kongruenzsatz sss

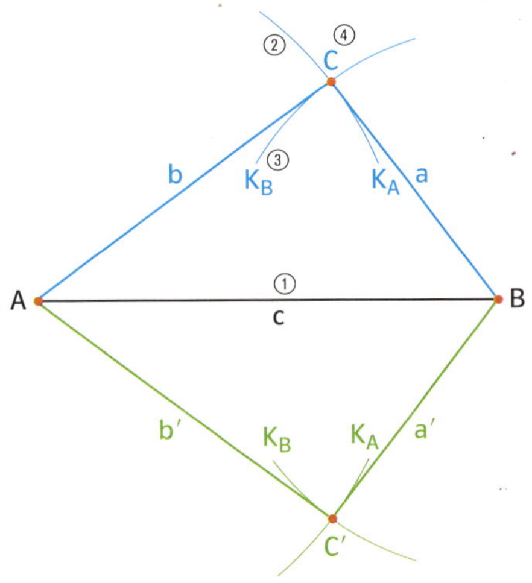

Beispiel 2: Konstruiere ein Dreieck mit den Seitenlängen $a = 3\,cm$, $b = 4\,cm$ und $c = 5\,cm$.

① Zeichne die Grundseite $c = \overline{AB} = 5\,cm$.

② Zeichne einen Kreisbogen K_A um den Punkt A mit dem Radius $r = b = 4\,cm$.

③ Zeichne einen Kreisbogen K_B um den Punkt B mit dem Radius $r = a = 3\,cm$.

④ K_A und K_B schneiden sich in den Punkten C und C′ als möglichen dritten Eckpunkten.

Hinweis: Die beiden Dreiecke ABC und ABC′ besitzen eine Spiegelachse durch AB. Sie sind deshalb kongruent und daher keine wirklich unterschiedlichen Lösungen. Somit genügt in der Regel die Angabe einer dieser beiden Lösungen, z.B. des Dreiecks ABC.

Merke

Kongruenzsatz sss

Stimmen zwei Dreiecke in den Längen ihrer drei Seiten überein, so sind sie kongruent.

Die Konstruierbarkeit eines Dreiecks aus drei gegebenen Seitenlängen ist jedoch an die Bedingung gebunden, dass in jedem Dreieck die Summe zweier Seiten stets größer als die dritte Seite sein muss. Vorab zu prüfen sind also die drei **Dreiecksungleichungen**:

1. $a + b > c$, **2.** $b + c > a$ und **3.** $c + a > b$.

3 Prüfe, ob sich aus den Angaben ein Dreieck konstruieren lässt.

a) $a = 3\,cm$, $b = 4\,cm$, $c = 5\,cm$ ______________________

b) $a = 3\,cm$, $b = 8\,cm$, $c = 4\,cm$ ______________________

c) $a = 11\,cm$, $b = 4\,cm$, $c = 7\,cm$ ______________________

4 Konstruiere, wenn möglich, ein Dreieck und beschreibe die Konstruktion. Arbeite im Heft.

a) $a = 6\,cm$, $b = 2{,}5\,cm$, $c = 4{,}5\,cm$

b) $a = 5{,}2\,cm$, $b = 8{,}6\,cm$, $c = 3{,}3\,cm$

Tipp

Die drei Dreiecksungleichungen können unter Verwendung von Betragszeichen zu einer sogenannten **Doppelungleichung** zusammengefasst werden, z.B. zu: $|a - b| < c < a + b$. Die Angaben $a = 3\,cm$, $b = 4\,cm$ und $c = 5\,cm$ in Beispiel 2 zeigen dann mit $|3\,cm - 4\,cm| < 5\,cm < 3\,cm + 4\,cm$ $\Leftrightarrow$ $|-1\,cm| < 5\,cm < 7\,cm$ $\Leftrightarrow$ $1\,cm < 5\,cm < 7\,cm$, dass dieses Dreieck konstruierbar ist.

5 Ergänze die Strecke $c = \overline{AB}$ durch einen weiteren Punkt C zu einem gleichseitigen Dreieck ABC. Bestimme dann auf der von A aus über B hinaus verlaufenden Halbgeraden ohne Verwendung einer Linealskala den Punkt B′, sodass die Strecken $\overline{AB}$ und $\overline{BB'}$ gleich lang sind, und begründe im Heft, warum das Dreieck AB′C rechtwinklig ist.

9.3 Der Kongruenzsatz sws

Beispiel 3: Konstruiere ein Dreieck mit den Seitenlängen $b = 5\,cm$, $c = 4\,cm$ und dem Winkel $\alpha = 35°$.

① Zeichne die Grundseite $c = \overline{AB} = 4\,cm$.

② Trage in A an c den freien Schenkel s unter $\alpha = 35°$ ab.

③ Der Kreisbogen K_A um A vom Radius $r = b = 5\,cm$ schneidet s im gesuchten Eckpunkt C.

Merke

Kongruenzsatz sws

Stimmen zwei Dreiecke in den Längen zweier Seiten und der Größe des von diesen Seiten eingeschlossenen Winkels überein, so sind sie kongruent.
Die Konstruierbarkeit eines Dreiecks aus zwei gegebenen Seiten und dem eingeschlossenen Winkel ist an keine weiteren Bedingungen gebunden.

6 Von A-Dorf aus erscheinen die Kirchtürme des 6,3 km entfernten B-Dorf und des 4,8 km entfernten C-Dorf unter einem Blickwinkel von 63°. Bestimme die

Entfernung zwischen B- und C-Dorf durch eine maßstabsgerechte Konstruktion im Heft und beschreibe sie kurz.

7 Konstruiere im Heft ein gleichschenkliges Dreieck, dessen Schenkel 6,8 cm lang sind und den Winkel $\beta = 114°$ einschließen. Beschreibe die Konstruktion kurz. Wie lang ist die Basis?

9.4 Der Kongruenzsatz Ssw

Beispiel 4: So prüft man, ob sich aus verschiedenen Angaben ein Dreieck konstruieren lässt.

1. Gegeben: Seitenlängen b und $c > b$, Winkel β

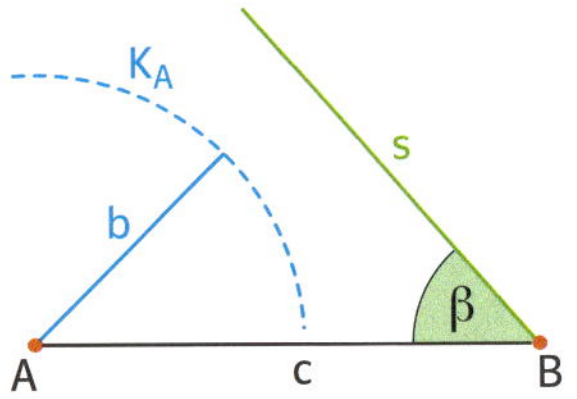

Alle möglichen Punkte C haben den Abstand b von A und müssen daher auf dem Kreisbogen K_A liegen. Da der freie Schenkel s nicht von K_A geschnitten wird, ergibt sich **kein Dreieck.**

2. Gegeben: Seitenlängen b und $c > b$, Winkel β

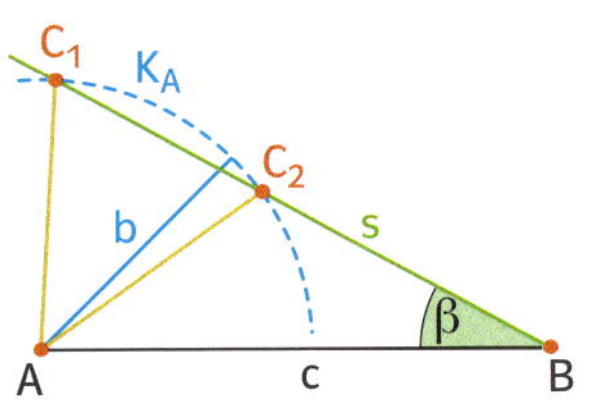

Der freie Schenkel s wird zweimal von dem Kreisbogen K_A geschnitten, sodass sich die **zwei Dreiecke** ABC_1 und ABC_2 ergeben, die **nicht kongruent** zueinander sind.

3. Gegeben: Seitenlängen b und $c < b$, Winkel β

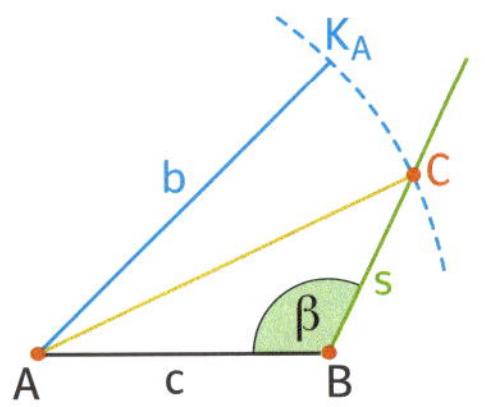

Der freie Schenkel s wird genau einmal im Punkt C vom Kreisbogen K_A geschnitten und die Konstruktionsaufgabe führt **eindeutig** auf ein **Dreieck** ABC.

Merke

Kongruenzsatz Ssw

Stimmen zwei Dreiecke in den Längen zweier Seiten und der Größe desjenigen Winkels, der der längeren der beiden gegebenen Seiten gegenüberliegt, überein, so sind sie kongruent.

Nur unter dieser einschränkenden Bedingung für die Lage des gegebenen Winkels ist die *eindeutige* Konstruierbarkeit eines Dreiecks garantiert.

(Der Großbuchstabe „S" in Ssw steht für die längere Seite.)

8 Gib entsprechend dem Kongruenzsatz Ssw alle möglichen Kombinationen von Angaben an, die eine eindeutige Konstruierbarkeit des Dreiecks gewährleisten.

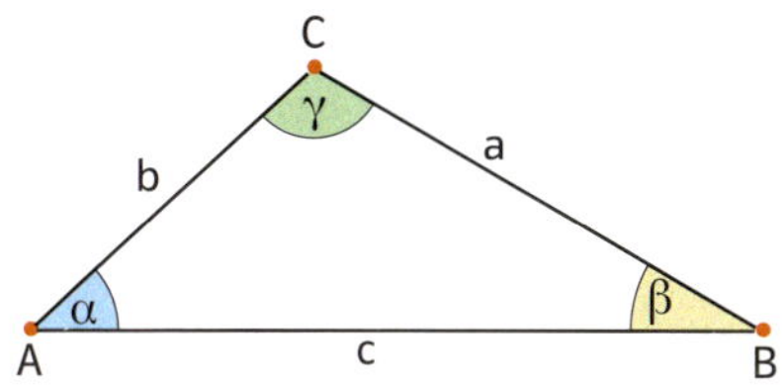

9 Corinna behauptet: „Wenn ich zwei Seitenlängen kenne und denjenigen Winkel, der der **kürzeren** der beiden Seiten gegenüberliegt, so ist mit diesen Angaben eine eindeutige Dreieckkonstruktion grundsätzlich **nicht** möglich!" Liegt Sie damit richtig? Begründe im Heft.

10 Gegeben sind die Seitenlängen $c = 1{,}5a = 6\,\text{cm}$ und der Winkel $\gamma = 75°$. Konstruiere das Dreieck im Heft und beschreibe kurz die Konstruktionsschritte. Bestimme die übrigen Seiten- und Winkelmaße.

11 12 m unter der Spitze eines 82 m hohen Kirchturms ertönt eine Glocke, deren Schall sich mit 328 m pro Sekunde ausbreitet und nach 0,61 Sekunden von einem Beobachter wahrgenommen wird. Wie weit befindet sich dieser Beobachter vom Fußpunkt des Turmes entfernt? Bestimme die Lösung im Heft durch eine Konstruktion im geeigneten Maßstab. Benutze hierfür am besten ein DIN A4 Blatt im Querformat.
Die Körpergröße des Beobachters soll dabei vernachlässigt werden.

9.5 Die Kongruenzsätze wsw und sww

Beispiel 5: Konstruiere ein Dreieck mit der Seitenlänge $c = 5\,\text{cm}$ und den Winkeln $\alpha = 45°$ und $\beta = 55°$.

① Zeichne die Grundseite $c = \overline{AB} = 5\,\text{cm}$.

② Trage den freien Schenkel s_1 in A an c unter dem Winkel $\alpha = 45°$ ab.

③ Trage den freien Schenkel s_2 in B an c unter dem Winkel $\beta = 55°$ ab.

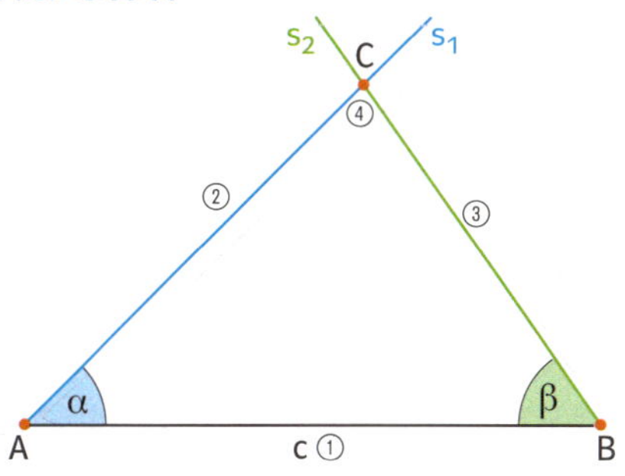

④ Die beiden freien Schenkel s_1 und s_2 schneiden sich im gesuchten Eckpunkt C.

Konstruktion von
D

Merke

Kongruenzsatz wsw: Stimmen zwei Dreiecke in der Länge einer Seite und in den Größen der beiden an dieser Seite anliegenden Winkel überein, so sind sie kongruent.
Aus diesen Angaben kann stets ein Dreieck konstruiert werden, solange die Summe der beiden gegebenen Winkel kleiner als 180° ist.

Kongruenzsatz sww: Stimmen zwei Dreiecke in der Länge einer Seite und in den Größen eines an dieser Seite anliegenden, sowie des dieser Seite gegenüberliegenden Winkels überein, so sind sie kongruent.
Mithilfe des Innenwinkelsummensatzes ($\alpha + \beta + \gamma = 180°$) lässt sich stets der dritte Winkel berechnen, der dann wiederum an der gegebenen Seite anliegt. Deshalb verläuft die Konstruktion eines Dreiecks hier genau so, wie im vorangehenden Kongruenzfall wsw.

12 a) Gegeben sind die Seitenlänge $b = 4\,cm$ und die Winkel $\alpha = 35°$ und $\gamma = 110°$. Konstruiere das Dreieck im Heft und beschreibe die Konstruktion kurz.
b) Gegeben sind die Seitenlänge $b = 4\,cm$ und die Winkel $\alpha = \beta = 35°$. Warum kann man auf die entsprechende Konstruktion verzichten?

Info plus

Schon im Altertum war das Vermessen und Berechnen von Dreiecken, die „**Trigonometrie**", bedeutsam für Himmelsbobachtungen, die Seefahrt oder auch für Landvermessungen. So ermöglichte beispielsweise das Verfahren des **Vorwärtseinschneidens** Positionsbestimmungen von Gegenständen (Fremdortungen) und indirekte Längenmessungen. Im ersteren Fall peilt man das Zielobjekt von den Endpunkten einer bekannten Standlinie aus an und lokalisiert es im Schnittpunkt der Peillinien. Im zweiten Falle führt man das Verfahren für den Anfangs- und den Endpunkt einer unbekannten Strecke durch.

13 Ein Forschungsschiff ortet unter 54° gegen seine Fahrtrichtung ein gesunkenes Wrack. Es fährt auf das Wrack zu und nach weiteren 4 km Fahrt erscheint es jetzt unter 138° gegen die Fahrtrichtung.
Wie weit muss das Schiff zurückfahren, um sich genau über dem Wrack zu positionieren?
Aus welcher Tiefe muss das Wrack geborgen werden?
Beantworte diese Fragen mithilfe einer maßstabsgerechten Konstruktion im Heft.

9.6 Weiterführende Dreieckskonstruktionen

Beispiel 6: Kann man aus $c = 3\,\text{cm}$, $w_\alpha = 4\,\text{cm}$ und $\beta = 115°$ ein Dreieck ABC konstruieren?

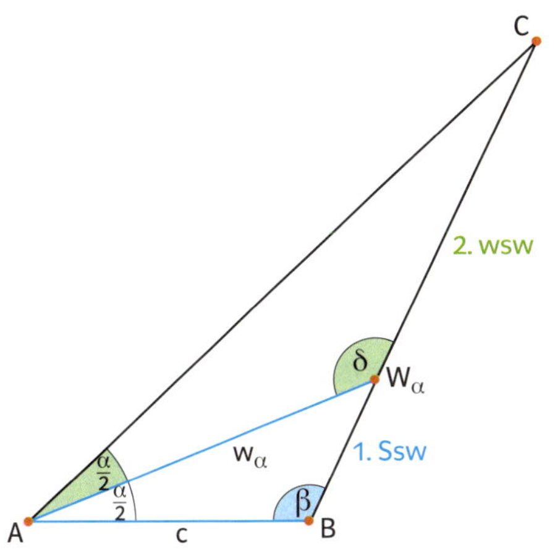

1. Schritt: Zunächst zeigt man an einer **Planfigur**:

① Die Winkelhalbierende w_α teilt das gesuchte Dreieck ABC in die beiden Teildreiecke ABW_α und $AW_\alpha C$.

② Das erste Teildreieck ABW_α ist durch den Kongruenzsatz Ssw eindeutig festgelegt.

③ Das zweite Teildreieck $AW_\alpha C$ ist jetzt durch den Kongruenzsatz wsw eindeutig bestimmt, denn mit $\frac{\alpha}{2}$ ist auch α bekannt und aus β und $\frac{\alpha}{2}$ lässt sich $\quad = \frac{\alpha}{2} + \beta$ berechnen.

④ Weil beide Teildreiecke (in der genannten Reihenfolge!) konstruierbar sind, ist auch das Dreieck ABC konstruierbar.

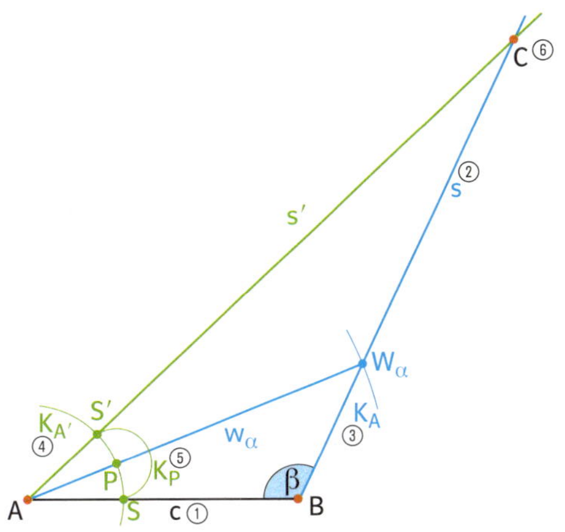

2. Schritt: Nun erfolgt die **Konstruktion** des Dreiecks ABC:

① Zeichne die Grundseite $c = \overline{AB} = 3\,\text{cm}$.

② Trage den freien Schenkel s in B an c unter dem Winkel $\beta = 115°$ ab.

③ Der Kreisbogen K_A um A vom Radius $r = w_\alpha = 4\,\text{cm}$ schneidet s im Punkt W_α.

④ Der Kreisbogen $K_{A'}$ um A schneidet c im Punkt S und w_α im Punkt P.

⑤ Der Kreisbogen K_P um P vom Radius $r = |PS|$ schneidet $K_{A'}$ im Punkt S′.

⑥ Zeichne von A aus durch S′ den freien Schenkel s′. s′ schneidet s im gesuchten Punkt C.

14 Prüfe zunächst, ob sich aus den Angaben ein Dreieck eindeutig konstruieren lässt, führe dann, soweit möglich, die Konstruktion im Heft durch und beschreibe sie kurz.

a) $c = 6\,\text{cm}$; $s_c = 5\,\text{cm}$; $\alpha = 25°$

b) $a = 5{,}5\,\text{cm}$; $c = 7\,\text{cm}$; $h_b = 4{,}5\,\text{cm}$

81 Wenn sich eine Figur, z. B. ein Dreieck, aus den Angaben eindeutig kostruieren lässt, dann sind alle Lösungsfiguren zueinander ______________.

82 Durch welche Abbildung lassen sich zwei Lösungsfiguren einer eindeutig bestimmten Konstruktionsaufgabe zur Deckung bringen?

____

83 Fasse die Aussage der Dreiecksungleichung(en) in Worte. In welchem Kongruenzfall kommen sie zur Anwendung?

____

84 Prüfe, ob sich aus den Angaben ein Dreieck konstruieren lässt.

a) $a = 8\,cm$, $b = 5{,}3\,cm$, $c = 2{,}8\,cm$ ______________

b) $a = 8{,}7\,cm$, $b = 12{,}6\,cm$, $c = 3{,}9\,cm$ ______________

85 Für welchen Kongruenzfall steht die Abkürzung Ssw? Warum wird das erste „s" großgeschrieben?

____

86 Entscheide, welcher Kongruenzsatz vorliegt.

a) $a = 4\,cm$, $c = 5\,cm$, $\beta = 30°$ ______ b) $a = 2b = 3c = 6\,cm$ ______

87 Zwei der Kongruenzsätze sind eng miteinander verwandt. Welche? Warum?

____

88 Zu welchem Kongruenzsatz gehören die Angaben $c = 6\,cm$ und $\alpha = 2\beta = 130°$? Ist das Dreieck konstruierbar? ______________

____

89 Wenn drei Stücke der Seiten oder der Innenwinkel eines Dreiecks bekannt sind, dann kann man es auch eindeutig konstruieren. Stimmt das? Warum?

____

90 Ein Dreieck wird durch eine Hilfslinie in zwei Teildreiecke unterteilt. Wie lässt sich jetzt seine eindeutige Konstruierbarkeit feststellen?

____

1 Gegeben sind die Längen der Dreieckseiten a und b. Gib alle möglichen Ergänzungen an, die auf einen Kongruenzsatz führen, benenne ihn und gib, soweit erforderlich, die einschränkenden Bedingungen an. ___/7

____

____

____

2 Gegeben: $b = 4\,cm$, $c = 5{,}5\,cm$ und $\gamma = 80°$. Konstruiere das Dreieck und beschreibe die Konstruktion kurz im Heft. ___/6

3 Von einem Beobachtungspunkt aus erscheinen der 1,5 km entfernte Anfang und das 1,2 km entfernte Ende einer Autobahnbrücke unter einem Sehwinkel von 32°. Bestimme die Länge dieser Brücke durch eine maßstabsgerechte Konstruktion und beschreibe sie kurz. ___/6

4 Prüfe im Heft mithilfe einer Planfigur, ob man aus den Angaben ein Dreieck konstruieren kann. ___/6

a) $c = 6{,}4\,cm$; $s_c = 4{,}8\,cm$; $\alpha = 47°$

b) $a = 8\,cm$; $b = 12\,cm$; $\overline{M_aM_b} = 2\,cm$

Gesamtpunktzahl ___/25

10 Vierecke

Ob man beim stundenlangen Betrachten eines Bildschirms seine viereckige Grundform wahrnimmt? Auch Fussball- und Tennisplätze sind viereckig, ebenso Türen und Fenster, Hefte und Schreibtische und vieles mehr.
Hier werden die wichtigsten Vierecksarten und ihre speziellen Eigenschaften vorgestellt; und mit der Konstruktion von Vierecken wird die bereits von den Dreieckskonstruktionen her bekannte Vorgehensweise fortgesetzt.

10.1 Konvexe und konkave Vierecke

Definition

Vier Punkte (A, B, C, D) einer Ebene, von denen keine drei auf einer Geraden liegen, können als Eckpunkte eines **(ebenen) Vierecks** aufgefasst werden, das die **Seiten** $a = \overline{AB}$, $b = \overline{BC}$, $c = \overline{CD}$ und $d = \overline{DA}$, sowie die **Diagonalen** $e = \overline{AC}$ und $f = \overline{BD}$ besitzt. Man unterscheidet:

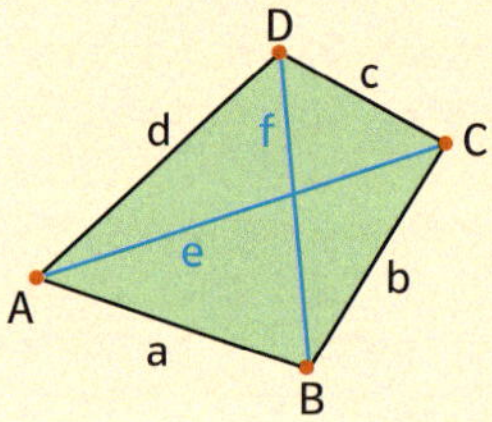

- Bei **konvexen Vierecken** (links) verlaufen beiden Diagonalen innerhalb der Figur.
- Bei **konkaven Vierecken** (rechts) verläuft eine der Diagonalen außerhalb der Figur.

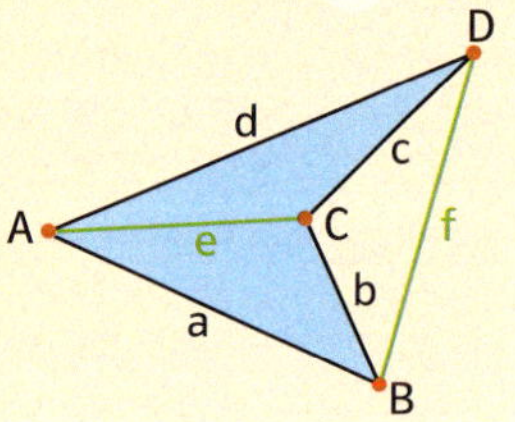

1 Nenne einige dir bekannte Vierecksarten und entscheide, ob sie konkav oder konvex sind.

____

____

2 A, B und C sind die bereits gegebenen Eckpunkte eines Vierecks. Ergänze die Punkte A, B und C auf drei verschiedene Arten jeweils zu einem konvexen Viereck. Gib auch den Bereich an, in dem der vierte Eckpunkt nicht liegen darf.

____

____

Tipp

Ähnlich wie bei den Dreiecken ist auch bei den Vierecken von einer **standardisierten Bezeichnungsweise** auszugehen, falls nicht anders vorgegeben.

- Die Eckpunkte A, B, C und D werden, zumeist links (unten) beginnend, gegen den Uhrzeigersinn umlaufend bezeichnet.
- Die Seiten a, b, c, d und die Diagonalen e, f liegen, wie in den Zeichnungen des Definitionskastens auf der linken Seite.
- An der Ecke A liegt der Innenwinkel α, bei B liegt β, bei C liegt γ und bei D liegt .

10.2 Quadrat, Rechteck und Raute

Definition

Eine **Raute** ist ein Viereck mit vier gleich langen Seiten.

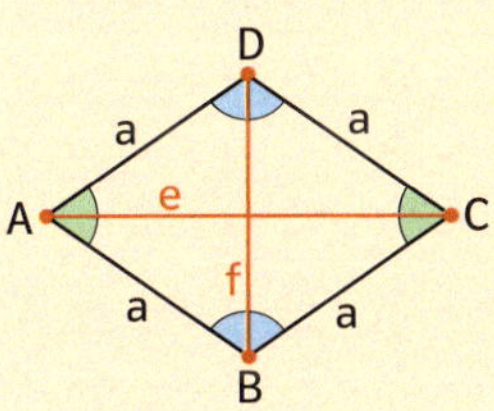

$A = a \cdot h_a = \frac{1}{2} e \cdot f$

$u = 4a$

2 Symmetrieachsen (rot)

1 Drehzentrum (180°)

Ein **Quadrat** ist ein Viereck mit vier gleich langen Seiten und vier gleichgroßen (rechten) Innenwinkeln.

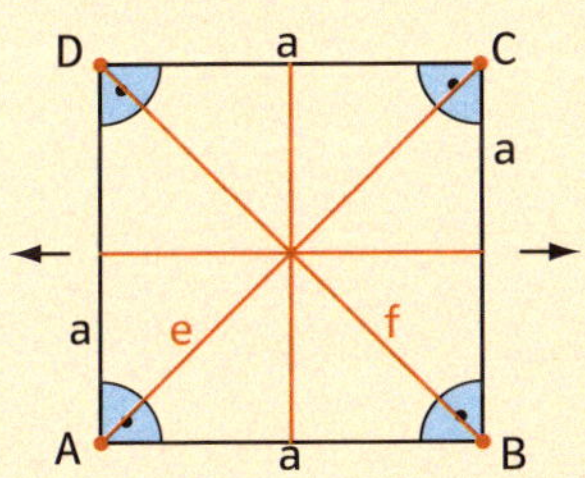

$A = a^2 = \frac{1}{2} e \cdot f$

$u = 4a$

4 Symmetrieachsen (rot)

1 Drehzentrum (90°)

Ein **Rechteck** ist ein Viereck mit vier gleich großen (rechten) Innenwinkeln.

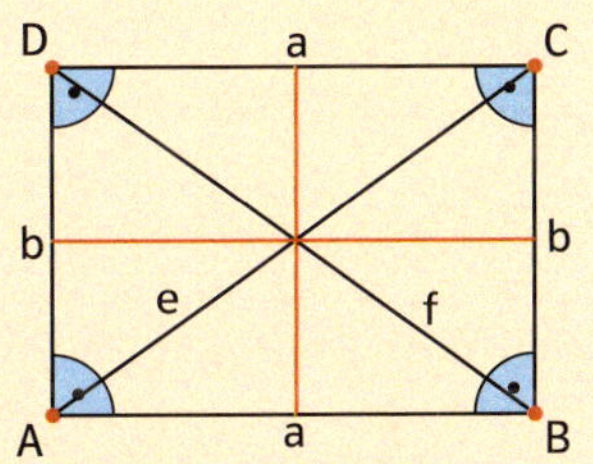

$A = a \cdot b$

$u = 2a + 2b = 2(a + b)$

2 Symmetrieachsen (rot)

1 Drehzentrum (180°)

3 Von einer Raute sind die Seitenlänge $a = 4\,cm$ und der Innenwinkel $\alpha = 50°$ bekannt. (Arbeite im Heft.)

a) Weise mithilfe einer Planfigur nach, dass die Raute eindeutig konstruierbar ist.

b) Konstruiere die Raute und beschreibe kurz deine Vorgehensweise.

c) Bestimme für die Raute aus Teil b) folgende Längen durch Ausmessen:

Höhe h_a = ________ Diagonale e = ________ Diagonale f = ________
und berechne den Flächeninhalt der Raute auf zwei verschiedene Arten.

4 Von einem Rechteck sind die Seitenlänge $a = 5\,cm$ und die Diagonale $e = 7\,cm$ bekannt. (Arbeite im Heft.)

a) Markiere in der Planfigur alle bekannten Stücke farbig und begründe die eindeutige Konstruierbarkeit des Rechtecks.

b) Konstruiere das Rechteck und gib eine kurze Beschreibung.

5 In der Planfigur aus Aufgabe 4 (→ Lösung, Seite 130) wird die Kongruenz geeigneter Teildreiecke nachgewiesen.

a) Beweise die Behauptungen.

1. Weil in einem Rechteck die gegenüberliegenden Seiten gleich lang sind, haben auch die beiden Diagonalen dieselbe Länge.
2. Weil in einem Rechteck die gegenüberliegenden Seiten gleich lang und parallel zueinander sind, halbieren sich die beiden Diagonalen gegenseitig.

b) Gelten die Behauptungen 1 und 2 auch für Rauten? Begründe.

10.3 Parallelogramm, Trapez und Drachen

Definition

Parallelogramm, Trapez und Drachen

- Ein **Parallelogramm** (①) ist ein Viereck, bei dem beide Paare gegenüberliegender Seiten parallel verlaufen. Die Diagonalen halbieren sich gegenseitig.
  $A = a \cdot h_a$; $u = 2a + 2b = 2(a + b)$; 1 Symmetriezentrum (180°)
- Ein **Trapez** (②) ist ein Viereck, bei dem ein Paar gegenüberliegender Seiten parallel verläuft. $A = \frac{a+c}{2} \cdot h_a$; $u = a + b + c + d$
- Ein **symmetrisches Trapez** (③) ist ein Trapez, bei dem die Mittelsenkrechte auf den parallelen Seiten auch Symmetrieachse ist.
  $A = \frac{a+c}{2} \cdot h_a$; $u = a + 2b + c$; 1 Symmetrieachse
- Ein **Drachen** (④) ist ein Viereck, bei dem eine Diagonale von der anderen halbiert wird. $u = a + b + c + d$
- Ein **symmetrischer Drachen** (⑤) ist ein Drachen, bei dem eine der Diagonalen von der anderen Diagonalen senkrecht geschnitten und halbiert wird.
  $A = \frac{1}{2} e \cdot f$; $u = 2a + 2b = 2(a + b)$; 1 Symmetrieachse

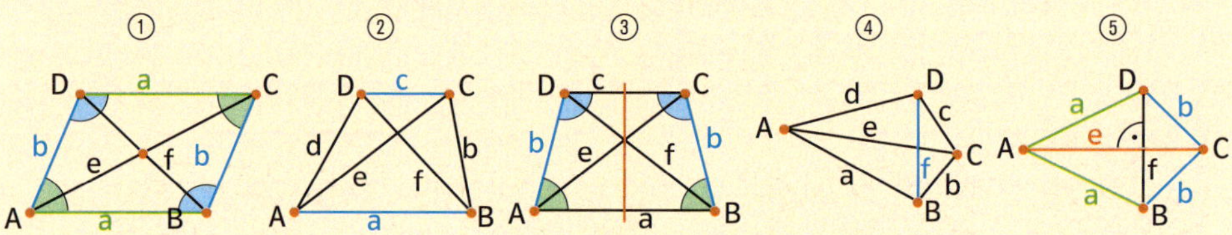

6 Von einem Parallelogramm kennt man die Seitenlängen $a = 4\,cm$ und $e = 1{,}5f = 6\,cm$.

a) Führe die Konstruktion im Heft durch und beschreibe sie kurz.

b) Bestimme die Länge der Höhe h_a durch Ausmessen und berechne den Flächeninhalt des Parallelogramms.

c) Zeige: In einem Parallelogramm sind gegenüberliegende Winkel gleich groß.

7 Daniela hat bereits mit der Konstruktion eines symmetrischen Trapezes begonnen. Führe ihre Arbeit zu Ende und beschreibe kurz die fehlenden Schritte. Überlege dir dabei vorab, welche Besonderheiten ein symmetrisches Trapez aufweist, und was daraus folgt.

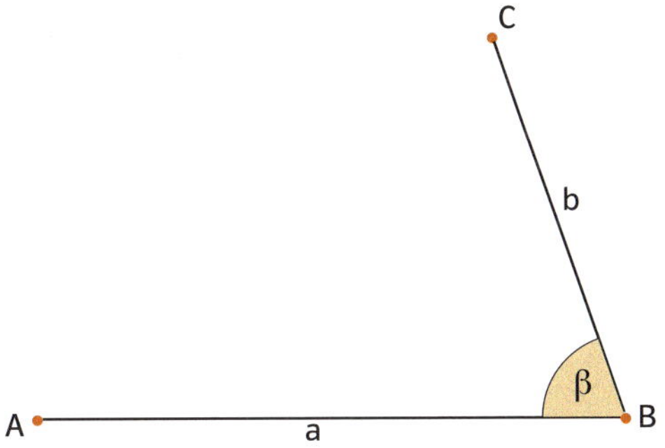

8 Bei einem Drachen wird die $e = 6\,cm$ lange Diagonale von der anderen Diagonale der Länge $f = 4\,cm$ im Verhältnis $2:1$ geteilt, wobei der längere Teil von e im gleichen Eckpunkt mündet wie die $a = 5\,cm$ lange Seite $\overline{AB}$.

a) Konstruiere den Drachen im Heft und gib eine kurze Beschreibung.

b) Welche Besonderheiten weist ein symmetrischer Drachen gegenüber einem beliebigen Drachen auf?

Info plus

Das Legespiel **Tangram** („Siebenbrett") stammt der Überlieferung nach aus China und besitzt dort eine weit zurückreichende Tradition. Aus einem Satz von sieben geometrischen Grundfiguren (2 große und 2 kleine Dreiecke, 1 mittelgroßes Dreieck, 1 Quadrat, 1 Parallelogramm) müssen vorgegebene Figuren gelegt werden. Hier vier Beispiele aus einem Repertoire von **über 1500 bekannten Figuren**:

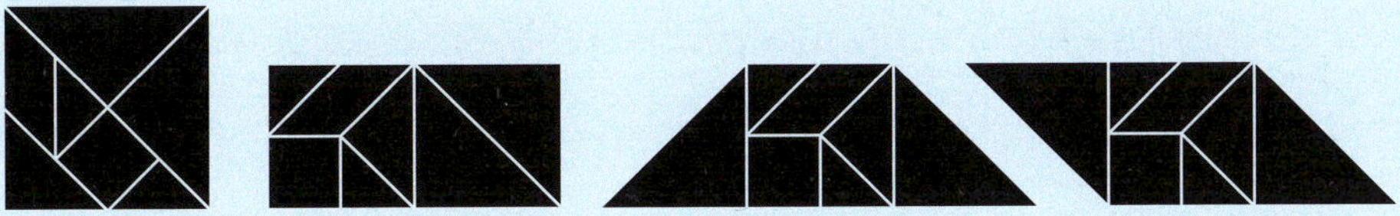

10.4 Sehnen- und Tangentenviereck

Definition

- Ein **Sehnenviereck** (①) besitzt einen Umkreis, auf dem alle Eckpunkte dieses Vierecks liegen.
- Ein **Tangentenviereck** (②) besitzt einen Inkreis, der von den vier Seiten des Vierecks berührt wird.

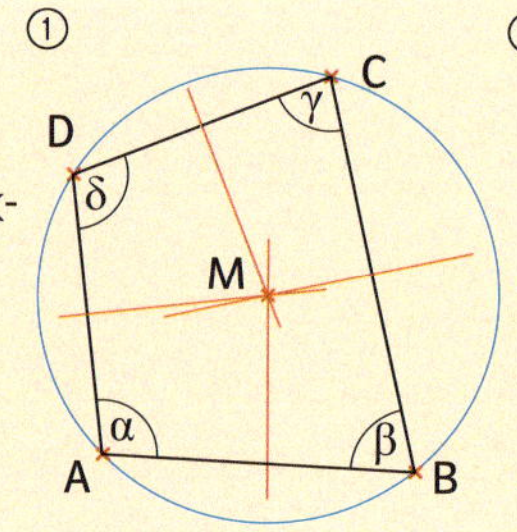

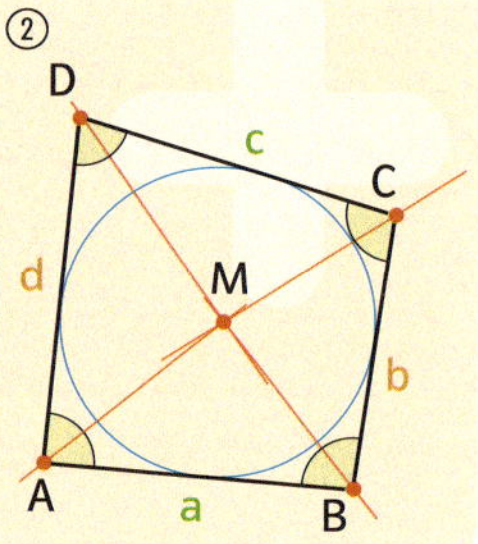

9 Weise mithilfe vervollständigter Zeichnungen die genannten Eigenschaften eines Sehnenvierecks nach. Gib im Heft eine Beschreibung an.

a) In jedem Sehnenviereck beträgt die Summe gegenüberliegender Winkel stets 180°.

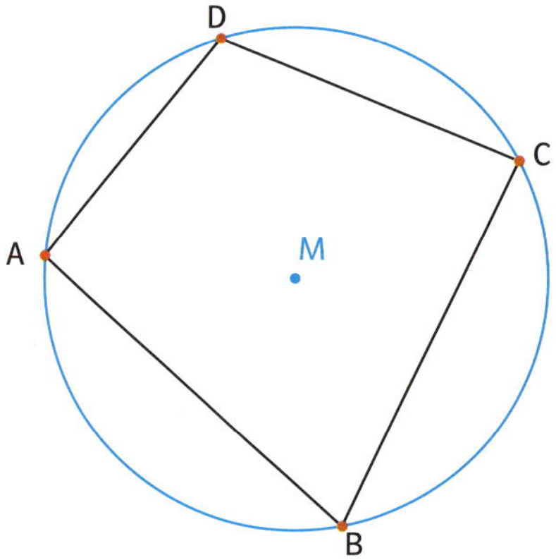

b) Alle Mittelsenkrechten eines Sehnenvierecks schneiden sich stets im Mittelpunkt des Umkreises.

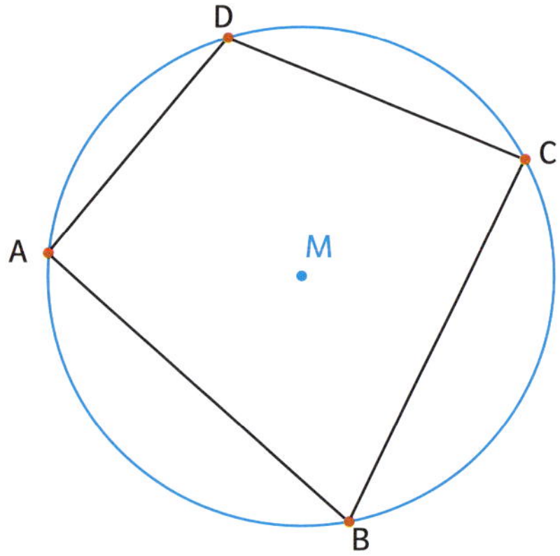

10 Zeige, dass es sich bei dem vorgegebenen symmetrischen Trapez um ein Sehnenviereck handelt. Beschreibe deine Konstruktion kurz im Heft.
Warum kann *jedes* symmetrische Trapez als Sehnenviereck betrachtet werden?

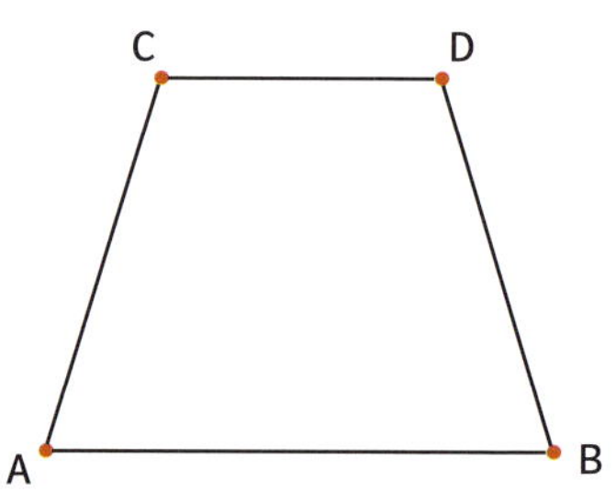

11 Weise mithilfe vervollständigter Zeichnungen die genannten Eigenschaften eines Tangentenvierecks nach.

Gib im Heft eine Konstruktionsbeschreibung an.

a) In jedem Tangentenviereck ist die Summe der Längen gegenüberliegender Seiten gleich, also: $a + c = b + d$.

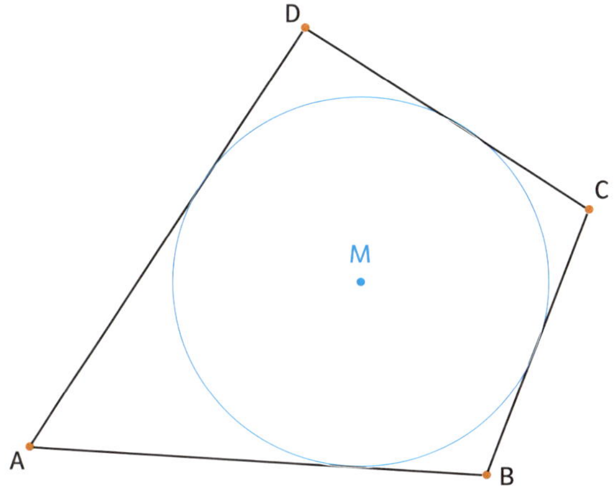

b) Alle Winkelhalbierenden eines Tangentenvierecks schneiden sich im Mittelpunkt des Inkreises.

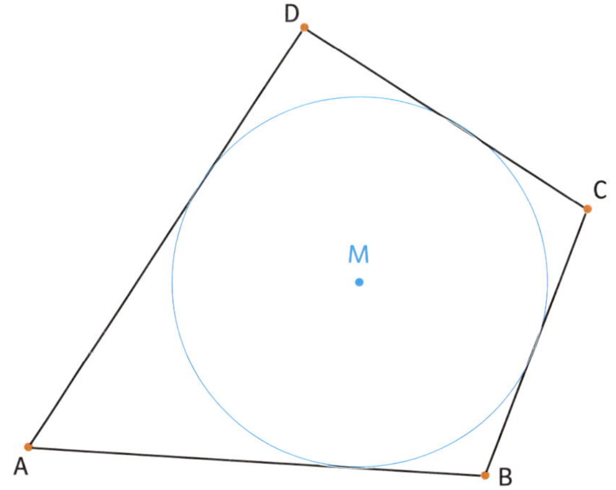

91 Wie verlaufen die Diagonalen a) bei einem konvexen und b) bei einem konkaven Viereck? ______

______

92 Prüfe, ob die Aussage wahr [w] oder falsch [f] ist:

1. Jedes Quadrat ist auch eine Raute. ☐
2. Jedes Rechteck ist auch ein Parallelogramm. ☐
3. Jedes Parallelogramm ist auch eine Raute. ☐
4. Jedes Parallelogramm ist auch ein Drachen. ☐
5. Jeder symmetrische Drachen ist auch ein Sehnenviereck. ☐

93 Ergänze die Definition der Vierecksart.

a) Ein Rechteck ist ein Viereck ______

b) Ein Trapez ist ein Viereck ______

c) Ein Tangentenviereck ist ein Viereck ______

______

94 Bei welchen Vierecken halbieren sich zwei gleich lange Diagonalen gegenseitig?

☐ Quadrat ☐ symmetrisches Trapez ☐ Parallelogramm
☐ Raute ☐ Rechteck ☐ symmetrischer Drachen

95 Eine Raute hat die Kantenlänge $a = 5\,cm$ und die Diagonalen messen $e = 8\,cm$ und $f = 6\,cm$. Berechne Umfang und Flächeninhalt.

______

96 Bei welchen Vierecksarten stehen die Diagonalen senkrecht aufeinander und wie lautet hier die gemeinsame Flächeninhaltsformel?

______

97 Wenn ein Trapez einen Umkreis besitzt, ist es ein ______

98 Wenn ein Drachen einen Inkreis besitzt, ist er ein ______

99 Wie nennt man Vierecke, bei denen sich gegenüberliegende Winkel zu 180° addieren? Nenne Beispiele hierfür.

______

1 Von einem Parallelogramm sind bekannt: $a = 4{,}5\,cm$; $f = 5\,cm$; $\beta = 125°$. ___/10

a) Konstruiere die Figur im Heft und beschreibe kurz deine Vorgehensweise.

b) Bestimme die Größen $b =$ ________; $e =$ ________; $h_a =$ ________; $\gamma =$ ________;

$=$ ________ und berechne den Flächeninhalt: $A =$ ____________________

2 Von einem symmetrischen Drachen ist bekannt: $a = 2b = 6\,cm$; $f = 5\,cm$. ___/9

a) Konstruiere die Figur und zeichne ihren Inkreis. Beschreibe kurz deine Vorgehensweise.

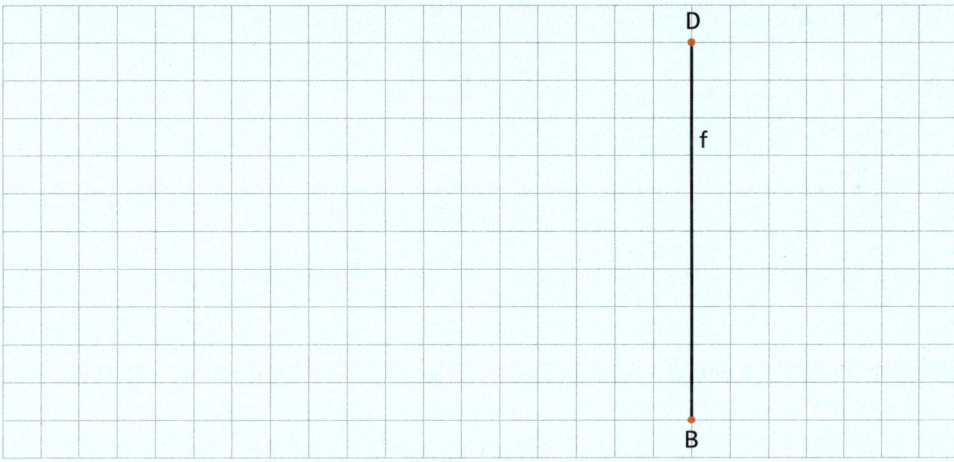

____

____

____

____

____

b) Unter welchen Umständen besitzt ein symmetrischer Drachen nicht nur einen Inkreis, sondern ebenfalls auch einen Umkreis? Begründe im Heft.

3 Ergänze zu einer sinnvollen Beschreibung. ___/6

a) Ein Rechteck ist ein Parallelogramm mit ____________________

b) Ein Quadrat ist eine Raute mit ____________________

c) Ein Parallelogramm ist ein Drachen, bei dem ____________________

____

Gesamtpunktzahl ___/25

Allgemeine Hinweise zum Abschlusstest

Leider ist es nicht möglich, einen allgemeingültigen Notenschlüssel vorzugeben. Er wechselt von Schule zu Schule, von Bundesland zu Bundesland. Damit du deine Leistung einschätzen kannst, gibt es folgende Orientierungspunkte:

- Wenn du mehr als 80 Prozent der Gesamtpunktzahl erreicht hast, ist dein Ergebnis gut oder besser.
- Wenn du mehr als 50 Prozent der Gesamtpunktzahl erreicht hast, ist dein Ergebnis ausreichend oder befriedigend.
- Wenn du weniger als 50 Prozent der Gesamtpunktzahl erreicht hast, ist dein Ergebnis nicht mehr ausreichend. Du solltest dann die Regeln und Aufgaben, bei denen du viele Fehler gemacht hast, noch einmal genau nachlesen und üben.

100 bis 80 Prozent	79 bis 50 Prozent	unter 50 Prozent
sehr gut bis gut	befriedigend bis ausreichend	nicht mehr ausreichend

Kapitel 1: Prozentrechnung

Aufgaben

Seite 6

1 a) $r = \frac{16}{80} = \frac{1}{5} = \frac{1 \cdot 20}{5 \cdot 20} = \frac{20}{100} \Rightarrow p = 20;\ p\,\% = \mathbf{20\,\%}$ b) $p\,\% = \mathbf{62{,}5\,\%}$

Seite 7

2

Prozentsatz	1 %	10 %	**20 %**	25 %	**50 %**	**75 %**
relativer Anteil	$\mathbf{\frac{1}{100}}$	$\mathbf{\frac{1}{10}}$	$\frac{1}{5}$	$\mathbf{\frac{1}{4}}$	$\frac{1}{2}$	$\frac{3}{4}$

3 a) $\frac{2}{5} = \frac{40}{100} > \frac{35}{100} = 35\,\%$ b) $\frac{9}{12} = \frac{3}{4} = \frac{75}{100} < \frac{78}{100} = 78\,\%$

c) $\frac{105}{150} = \frac{7}{10} = \frac{70}{100} = 70\,\%;\ 70\,\% = \frac{105}{150}$ d) $\frac{91}{140} = \frac{13}{20} = \frac{65}{100} < \frac{66}{100} = 66\,\%;\ 66\,\% > \frac{91}{140}$

4 a) $r = \frac{6}{12} = \frac{1}{2} = \frac{50}{100} \Rightarrow p\,\% = \mathbf{50\,\%}$ b) $r = \frac{6}{16} = \frac{3}{8} = \frac{37{,}5}{100} \Rightarrow p\,\% = \mathbf{37{,}5\,\%}$

c) $r = \frac{11}{21} \rightarrow 11:21 = 0{,}5238\ldots \Rightarrow p\,\% \approx \mathbf{52{,}4\,\%}$

Seite 8

5 a) $p = \frac{W}{G} \cdot 100 = \frac{12}{48} \cdot 100 = 25;\ p\,\% = \mathbf{25\,\%}$ b) $p = \frac{W}{G} \cdot 100 = \frac{0{,}85}{2{,}55} \cdot 100 = 33{,}\overline{3};\ p\,\% \approx \mathbf{33{,}3\,\%}$

c) $p = \frac{W}{G} \cdot 100 = \frac{\frac{5}{6}}{2\frac{7}{9}} \cdot 100 = \frac{5}{6} \cdot \frac{9}{25} \cdot 100 = 30;\ p\,\% = \mathbf{30\,\%}$

6 a) $p = \frac{W}{G} \cdot 100 = \frac{75\,\cancel{\text{min}}}{120\,\cancel{\text{min}}} \cdot 100 = 62{,}5;\ p\,\% = \mathbf{62{,}5\,\%}$

b) Die Maßeinheiten sind weder gleich noch angleichbar.

c) $p = \frac{W}{G} \cdot 100 = \frac{375\,\cancel{\text{cm}^2}}{7500\,\cancel{\text{cm}^2}} \cdot 100 = 5;\ p\,\% = \mathbf{5\,\%}$ (Hinweis: $1\,\text{m}^2 = 10\,000\,\text{cm}^2$)

7 $G = 98{,}00\,€;\ W = 98{,}00\,€ - 79{,}90\,€ = 18{,}10\,€;\ p = \frac{W}{G} \cdot 100 = \frac{18{,}10\,\cancel{€}}{98{,}00\,\cancel{€}} \cdot 100 \approx 18{,}5;\ p\,\% = \mathbf{18{,}5\,\%}$
Der Preis wurde um 18,5 % gesenkt.

Seite 9

8 a) $W = \frac{p}{100} \cdot G = \frac{18{,}5}{100} \cdot 612\,\text{km}^2 = \mathbf{113{,}22\,km^2}$ b) $W = \frac{p}{100} \cdot G = \frac{82{,}25}{100} \cdot 5{,}375\,\text{kg} \approx \mathbf{4{,}421\,kg}$

9 $W = \frac{p}{100} \cdot G = \frac{64}{100} \cdot 64{,}5$ Mio. $\approx 41{,}3$ Mio.; Es handelt sich um **41,3 Mio.** Bundesbürger.

10 Unterstufe: $W = \frac{p}{100} \cdot G = \frac{42,4}{100} \cdot 927 = \mathbf{393}$ (Schüler)

Mittelstufe: $W = \frac{p}{100} \cdot G = \frac{35,2}{100} \cdot 927 = \mathbf{326}$ (Schüler)

Oberstufe: $W = \frac{p}{100} \cdot G = \frac{22,4}{100} \cdot 927 = \mathbf{208}$ (Schüler)

Seite 10

11

:2	2	5000	:2
·100	1	2500	·100
	100	250 000	

:p	p	W	:p
·100	1	$\frac{W}{p}$	·100
	100	$\mathbf{\frac{W}{p} \cdot 100 = G}$	

12 a) $G = \frac{100}{p} \cdot W = \frac{100}{30} \cdot 12 = \mathbf{40}$ b) $G = \frac{100}{p} \cdot W = \frac{100}{43,7} \cdot 0,84 \approx \mathbf{1,92}$

c) $G = \frac{100}{p} \cdot W = \frac{100}{\frac{81}{8}} \cdot \frac{27}{4}\,m = 100 \cdot \frac{8}{81} \cdot \frac{27}{4}\,m = \mathbf{66\frac{2}{3}\,m}$

13 $G = \frac{100}{p} \cdot W = \frac{100}{0,000\,15} \cdot 0,0311\,kg = 20\,733\,kg \approx 21\,t$; man muss **20 733 kg** Erz fördern.

Seite 11

14 $G = \frac{100}{100 + p} \cdot W = \frac{100}{100 + 20} \cdot 18\,€ = 15\,€$; Silvio bekam vorher **15 €** Taschengeld.

15 $W = \frac{100 + p}{100} \cdot G = \frac{100 + 19}{100} \cdot 3193,28\,€ = 3800,00\,€$; der Schadensbetrag betrug brutto **3800 €**.

16 $G = 4,5\,cm^3 = 4500\,mm^3$; $W = 2,2\,mm^3$; $p = \frac{W}{G} \cdot 1000 = \frac{2,2\,\cancel{mm^3}}{4500\,\cancel{mm^3}} \cdot 1000 \approx 0,49$;
p ‰ = **0,49 ‰ < 0,5 ‰**;
der Blutalkoholgehalt liegt unter 0,5 ‰; der Fahrer könnte straffrei bleiben.

17 $W = \frac{p}{1000} \cdot G = \frac{585}{1000} \cdot 150\,g = \mathbf{87,75\,g}$; im Armband sind 87,75 g reines Gold enthalten.

Training plus

Seite 12

1 Die Gesamtheit bezeichnet man als **Grundwert** mit der **Abkürzung G**.

2 Die fraglichen Anteile an einer Gesamtheit heißen **Prozentwert** mit der **Abkürzung W**.

3 Als Quotient von Prozent- und Grundwert: $\mathbf{r = \frac{W}{G}}$

4 Die Prozentzahl p erfüllt die Verhältnisgleichung $\mathbf{\frac{p}{100} = r = \frac{W}{G}}$.

5 Der Prozentsatz p % stellt, abkürzend geschrieben, den hundertsten Teil der Prozentzahl p dar: $\mathbf{p\,\% = \frac{p}{100}}$.

6 a) Prozentzahl: $\mathbf{p = \frac{W}{G} \cdot 100}$, b) Prozentwert: $\mathbf{W = \frac{p}{100} \cdot G}$ und c) Grundwert: $\mathbf{G = \frac{100}{p} \cdot W}$

7 Beide Größen müssen (eventuell erst nach Umrechnung) **gleiche Maßeinheiten** besitzen.

8 56 € entsprechen p % = (100 + 12) % = **112 %**

9 a) Promillezahl $\mathbf{p = \frac{W}{G} \cdot 1000}$, b) Promillewert $\mathbf{W = \frac{p}{1000} \cdot G}$ und c) Grundwert $\mathbf{G = \frac{1000}{p} \cdot W}$

10 Der Feingehalt beträgt p ‰ = (1000 – 415) ‰ = 585 ‰. (Daher der Goldstempel 585.)

Abschlusstest

Seite 13

1 a) $\frac{3}{4} = \frac{75}{100} > \frac{72}{100} = 72\,\%$ b) $\frac{5}{8} = \frac{625}{1000} = 625\,‰$

c) $1,48 = \frac{148}{100} > \frac{49}{100} = 49\,\%$ d) $2\frac{2}{3} = \frac{266,\overline{6}}{100} > \frac{266}{100} = 266\,\%$; $266\,\% < 2\frac{2}{3}$

2 a) $33\frac{1}{3}\,\%$ b) 2 c) 7,5 d) 3,24 e) $31\frac{1}{4}$

3 Überlege zunächst, wie viele Einheitsflächen zu ergänzen sind. Wenn die Ausgangsfläche aus 6 Flächenstücken besteht und dies 50% entspricht, müssen also nochmal 6 Flächenstücke ergänzt werden. Es gibt mehrere Lösungsmöglichkeiten, zum Beispiel:

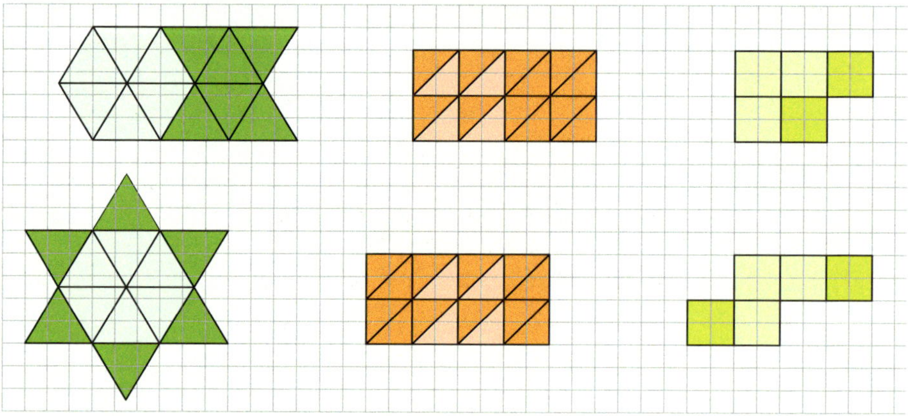

4 a) $p = 100 - (31 + 27) = 42$; $p\,\% =$ **42 %**

b) insgesamt: $G = \frac{100}{p} \cdot W = \frac{100}{42} \cdot 2268 =$ **5400** (Flüge)

c) innerdeutsch: $W = \frac{p}{100} \cdot G = \frac{31}{100} \cdot 5400 =$ **1674** (Flüge)

außereuropäisch: $5400 - (2268 + 1674) =$ **1458** (Flüge)

5 a) $G = \frac{1000}{p} \cdot W = \frac{1000}{0{,}62} \cdot 223{,}30\,€ =$ **360 000 €** b) $W = \frac{p}{1000} \cdot G = \frac{0{,}68}{1000} \cdot 360\,000\,€ =$ **244,80 €**

25 – 20 Punkte	19 – 13 Punkte	unter 13 Punkte
sehr gut bis gut	befriedigend bis ausreichend	nicht mehr ausreichend

Kapitel 2: Zinsrechnung

Aufgaben

Seite 14 1 Mit der Formel folgt z. B. für d): $p = \frac{Z}{K} \cdot 100 = \frac{140\,£}{2000\,£} \cdot 100 = 7$; $p\,\% = 7$

Kapital K	100 €	400 €	120 €	2000 £	180 $
Jahreszinsen Z	3,65 €	10 €	6 €	140 £	7,20 $
Zinssatz p %	**3,65 %**	**2,5 %**	**5 %**	**7 %**	**4 %**

Seite 15 2 a) $p = \frac{Z}{K} \cdot 100 = \frac{40{,}55\,€}{765\,€} \cdot 100 \approx 5{,}3$; **p % = 5,3 %**

b) $p = \frac{Z}{K} \cdot 100 = \frac{21{,}80\,\$}{330{,}25\,\$} \cdot 100 \approx 6{,}6$; **p % = 6,6 %**

c) $K = 645\,\$ = 645\,\$: 1{,}50\,\frac{\$}{€} = 430\,€$; $p = \frac{Z}{K} \cdot 100 = \frac{16{,}34\,€}{430\,€} \cdot 100 = 3{,}8$; **p % = 3,8 %**

3 Bruder: $Z = 4750\,€ - 4500\,€ = 250\,€$; $p = \frac{Z}{K} \cdot 100 = \frac{250\,€}{4500\,€} \cdot 100 \approx 5{,}56$; $p\,\% = 5{,}56\,\% > 5{,}2\,\%$

Die Bank ist günstiger.

Seite 16

4 Mit der Formel ergibt sich z.B. für 2000 $: $Z = \frac{p}{100} \cdot K = \frac{5,5}{100} \cdot 2000\,\$ = 110\,\$$

Kapital K	100 €	500 £	2000 $	370 €	1600 €
Jahreszinsen Z	**4,90 €**	**30 £**	**110 $**	**11,10 €**	**10 €**
Zinssatz p %	4,9 %	6 %	5,5 %	3 %	$\frac{5}{8}$ %

5 a) $Z = \frac{p}{100} \cdot K = \frac{5,2}{100} \cdot 4285\,€ = $ **222,82 €** b) $Z = \frac{p}{100} \cdot K = \frac{8,4}{100} \cdot 72\,500\,€ = $ **6090 €**

6 A-Bank: $Z = 4 \cdot \left(\frac{p}{100} \cdot K\right) = 4 \cdot \left(\frac{4,4}{100} \cdot 500\,€\right) = 4 \cdot 22\,€ = 88\,€$

B-Bank: $Z = \frac{p_1}{100} \cdot K + \frac{p_2}{100} \cdot K + \frac{p_3}{100} \cdot K + \frac{p_4}{100} \cdot K = \frac{3,5}{100} \cdot 500\,€ + \frac{4,0}{100} \cdot 500\,€ + \frac{4,6}{100} \cdot 500\,€ + \frac{5,8}{100} \cdot 500\,€$

$= 17,50\,€ + 20,00\,€ + 23,00\,€ + 29,00\,€ = 89,50\,€ > 88\,€$

Die Geldanlage bei der **B-Bank** ist für Benno günstiger.

Seite 17

7 Mit der Formel folgt z.B. für 23 £: $K = \frac{100}{p} \cdot Z = \frac{100}{5} \cdot 23\,£ = 460\,£$

Kapital K	**355 €**	**460 £**	**675 €**	**920 $**	**2000 €**
Jahreszinsen Z	35,50 €	23 £	13,50 €	4,60 $	30 €
Zinssatz p %	10 %	5 %	2 %	0,5 %	1,5 %

8 a) $K = \frac{100}{p} \cdot Z = \frac{100}{5,7} \cdot 72,46\,€ = $ **1271,23 €** b) $K = \frac{100}{p} \cdot Z = \frac{100}{3,9} \cdot 377,66\,€ = $ **9683,59 €**

9 Die jährlichen Zinsen betragen $12 \cdot 220\,€ = 2640\,€$; $p\,\% = 4,4\,\%$

$\rightarrow K = \frac{100}{p} \cdot Z = \frac{100}{4,4} \cdot 2640\,€ = $ **60 000 €**; Familie Sommer nahm ein Darlehen von 60 000 € auf.

Seite 18

10 a) $Z = 500\,ED + 700\,ED = 1200\,ED$; $K = 12,5 \cdot 1200\,ED = 15\,000\,ED$

$\rightarrow p = \frac{Z}{K} \cdot 100 = \frac{1200\,\cancel{ED}}{15\,000\,\cancel{ED}} \cdot 100 = 8$; $p\,\% = $ **8 %**

b) $Z = 15\,000\,ED + 1200\,ED = 16\,200\,ED$; $p = 8\,\% \rightarrow K = \frac{100}{p} \cdot Z = \frac{100}{8} \cdot 16\,200\,ED = $ **202 500 ED**

Seite 19

11 a) $Z_4 = \frac{p}{100} \cdot K \cdot \frac{m}{12} = \frac{3,6}{100} \cdot 2500\,€ \cdot \frac{4}{12} = $ **30 €** b) $Z_9 = \frac{p}{100} \cdot K \cdot \frac{m}{12} = \frac{4,5}{100} \cdot 2500\,€ \cdot \frac{9}{12} = $ **84,38 €**

c) $Z_8 = \frac{p}{100} \cdot K \cdot \frac{m}{12} = \frac{4,0}{100} \cdot 2500\,€ \cdot \frac{8}{12} = $ **66,67 €**

12 $K = 3450\,€$; $p\,\% = 4,2\,\%$; $m = 1 \rightarrow Z_1 = \frac{p}{100} \cdot K \cdot \frac{m}{12} = \frac{4,2}{100} \cdot 3450\,€ \cdot \frac{1}{12} = $ **12,08 €**

13 a) $Z_7 = Z \cdot \frac{m}{12} = 187,50\,€ \cdot \frac{7}{12} = $ **109,38 €** b) $p = \frac{Z}{K} \cdot 100 = \frac{187,50\,\cancel{€}}{3000\,\cancel{€}} \cdot 100 = 6,25$; **p % = 6,25 %**

Seite 20

14 a) Zeitraum: $t = 22 + 3 \cdot 30 + 22 = 134$ Tage; $Z_{134} = \frac{p}{100} \cdot K \cdot \frac{t}{360} = \frac{3,4}{100} \cdot 6300\,€ \cdot \frac{134}{360} = $ **79,73 €**

b) Zeitraum: $t = 11 + 5 \cdot 30 + 7 = 168$ Tage; $Z_{168} = \frac{p}{100} \cdot K \cdot \frac{t}{360} = \frac{3,4}{100} \cdot 786\,€ \cdot \frac{168}{360} = $ **12,47 €**

c) Zeitraum: $t = 12 + 8 \cdot 30 + 17 = 269$ Tage; $Z_{269} = \frac{p}{100} \cdot K \cdot \frac{t}{360} = \frac{3,4}{100} \cdot 12\,148\,€ \cdot \frac{269}{360} = $ **308,63 €**

15 Januar: $t = 18$ Tage; $p\,\% = 3,6\,\%$; $Z_{18} = \frac{p}{100} \cdot K \cdot \frac{t}{360} = \frac{3,6}{100} \cdot 850\,€ \cdot \frac{18}{360} = 1,53\,€$

Februar und März: $t = 2 \cdot 30 = 60$ Tage; $p\,\% = 3,8\,\%$; $Z_{60} = \frac{p}{100} \cdot K \cdot \frac{t}{360} = \frac{3,8}{100} \cdot 850\,€ \cdot \frac{60}{360} = 5,38\,€$

April und Mai: $t = 2 \cdot 30 = 60$ Tage; $p\,\% = 3,7\,\%$; $Z_{60} = \frac{p}{100} \cdot K \cdot \frac{t}{360} = \frac{3,7}{100} \cdot 850\,€ \cdot \frac{60}{360} = 5,24\,€$

Juni: $t = 15$ Tage; $p\,\% = 3,9\,\%$; $Z_{15} = \frac{p}{100} \cdot K \cdot \frac{t}{360} = \frac{3,9}{100} \cdot 850\,€ \cdot \frac{15}{360} = 1,38\,€$

Gesamtzinsen: $Z = 1,53\,€ + 5,38\,€ + 5,24\,€ + 1,38\,€ = $ **13,53 €**

Seite 21

16 $K_0 = 200\,€$; $n = 10$; $p\,\% = 4,5\,\% \rightarrow q = 1 + \frac{p}{100} = 1 + \frac{4,5}{100} = 1,045$;

$K_{10} = K_0 \cdot q^n = 200\,€ \cdot 1,045^{10} = 200\,€ \cdot 1,553 = $ **310,59 €**

Seite 22 **Training plus**

11 a) Grundwert G → **Kapital K** b) Prozentwert W → **Jahreszinsen Z**
c) Prozentzahl p → **Zinszahl p**

12 $p = \frac{Z}{K} \cdot 100$

13 $K = \frac{100}{p} \cdot Z$

14 Jahreszinsen: $Z = \frac{p}{100} \cdot K$; Monatszinsen: $Z_m = \frac{p}{100} \cdot K \cdot \frac{m}{12}$; Tageszinsen: $Z_t = \frac{p}{100} \cdot K \cdot \frac{t}{360}$

15 Man rundet auf die zweite Dezimalstelle, weil es sich um Geldbeträge handelt.

16 Der Bankmonat hat 30 Tage, das Bankjahr 360 Tage.

17 $7 + 3 \cdot 30 + 18 =$ **115 Tage**

18 Man spricht von einer **Verzinsung mit Zinseszinsen**.

19 K_0: Anfangskapital; K_n: Endkapital; $q = 1 + \frac{p}{100}$: Zinsfaktor; n = Anzahl der Jahre

20 Weil man so das Endkapitel mit wenig Rechenaufwand berechnen kann.

Abschlusstest

Seite 23 1 Rechne mit der passenden Formel, z.B. für 342,82 $: $Z = \frac{p}{100} \cdot K = \frac{6{,}25}{100} \cdot 342{,}82\,\$ = 21{,}43\,\$$

K	450 €	1700 €	**750 £**	342,82 $	**733,04 €**
Z	**36 €**	51 €	63,75 £	**21,43 $**	66,89 €
p%	8%	**3%**	8,5%	$6\frac{1}{4}$%	$9\frac{1}{8}$%

2 Zinsen bei Ratenzahlung: $12 \cdot 79{,}50\,€ - 895\,€ = 59\,€$

Zinssatz: $p = \frac{Z}{K} \cdot 100 = \frac{59\,€}{895\,€} \cdot 100 \approx 6{,}6$; $p\,\% =$ **6,6%**

3 Die Jahres(kalt-)miete von $Z = 12 \cdot 380\,€ = 4560\,€$ muss, bezogen auf den Kaufpreis K, einem Zinsertrag von mindestens 4% entsprechen: $K \leq \frac{100}{p} \cdot Z = \frac{100}{4} \cdot 4560\,€ =$ **114 000 €**

4 a) m = 7 Monate; $z_7 = \frac{p}{100} \cdot K \cdot \frac{m}{12} = \frac{4{,}1}{100} \cdot 6400\,€ \cdot \frac{7}{12} =$ **153,07 €**

b) $t = 13 + 8 \cdot 30 + 23 = 276$ Tage; $z_{276} = \frac{p}{100} \cdot K \cdot \frac{t}{360} = \frac{4{,}1}{100} \cdot 6400\,€ \cdot \frac{276}{360} =$ **201,17 €**

c) 9.9. bis 31.12. $\triangleq 21 + 3 \cdot 30 = 111$ Tage; $\mathbf{z_{111}} = \frac{p}{100} \cdot K \cdot \frac{t}{360} = \frac{4{,}1}{100} \cdot 6400\,€ \cdot \frac{111}{360} = 80{,}91\,€$

1.1. bis 26.3. $\triangleq 2 \cdot 30 + 26 = 86$ Tage; $z_{86} = \frac{p}{100} \cdot (K + \mathbf{z_{111}}) \cdot \frac{t}{360} = \frac{4{,}1}{100} \cdot 6480{,}91\,€ \cdot \frac{86}{360}$
$= 63{,}48\,€$

Gesamtzinsen: $Z_{111} + Z_{86} = 80{,}91\,€ + 63{,}48\,€ =$ **144,39 €**

5 $K_0 = 25\,€$; $p\,\% = 4\,\%$; $n = 73 - 13 = 60$ Jahre

$\rightarrow K_{60} = K_0 \cdot \left(1 + \frac{p}{100}\right)^n = 25\,€ \cdot \left(1 + \frac{4}{100}\right)^{60} = 25\,€ \cdot 10{,}5196 =$ **262,99 €**

20 – 16 Punkte	15 – 10 Punkte	unter 10 Punkte
sehr gut bis gut	befriedigend bis ausreichend	nicht mehr ausreichend

Kapitel 3: Terme

Aufgaben

1 Term: $a + a + a + a = \mathbf{4a}$; Berechnungen: $a = 3\,\text{cm} \rightarrow 4 \cdot 3\,\text{cm} = \mathbf{12\,cm}$; $a = 12\,\text{dm} \rightarrow 4 \cdot 12\,\text{dm} = \mathbf{48\,dm}$; $a = 2{,}5\,\text{m} \rightarrow 4 \cdot 2{,}5\,\text{m} = \mathbf{10\,m}$ **Seite 25**

2 a) Täglicher Umsatz: **4,50 € · x + 6,00 € · y**
b) freitags: 387 € + 888 € = **1275 €**; samstags: 639 € + 1272 € = **1911 €**
sonntags: 481,50 € + 1134 € = **1615,50 €**

3 Term: $\frac{1}{2} \cdot (n^2 + n) = \frac{1}{2} \cdot n \cdot (n + 1)$ Grundmenge: $G_n = \{1; 2; 3; 4\}$

4 **Seite 26**

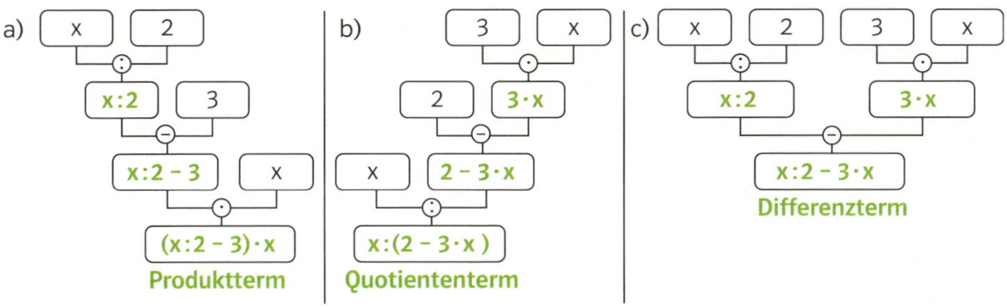

5 a) Term: $\mathbf{6x^2 - 2}$ Typ: **Differenzterm** Wert: $6 \cdot (-3)^2 - 2 = \mathbf{52}$
b) Term: $\mathbf{6(x - 2)^2}$ Typ: **Produktterm** Wert: $6 \cdot (-3 - 2)^2 = \mathbf{150}$
c) Term: $\mathbf{(6x - 2)^2}$ Typ: **Potenzterm** Wert: $(6 \cdot (-3) - 2)^2 = \mathbf{400}$

6 a) $a + 2a + 5a + a + 2a = (1 + 2 + 5 + 1 + 2) \cdot a = \mathbf{11a}$ **Seite 27**
b) $12y - 3y - 5y - 2y - 7y = (12 - 3 - 5 - 2 - 7) \cdot y = \mathbf{-5y}$
c) $-2ax + 6ax - ax = (-2 + 6 - 1) \cdot ax = \mathbf{3ax}$
d) $-4x^2 + 6x^2 + 5x - 2x = (-4 + 6) \cdot x^2 + (5 - 2) \cdot x = \mathbf{2x^2 + 3x}$

7 a) $5by = 2by \mathbf{+ 3by}$ b) $5by = 7by \mathbf{- 2by}$ c) $5by = \mathbf{-by} + 6by$
d) $-12z = -7z \mathbf{- 5z}$ e) $-12z = -16z \mathbf{+ 4z}$ f) $-12z = \mathbf{-13z} + z$

8 Nach Umformung ergibt sich: **Seite 28**
(1) $5x^2y - 2x^2y = 3x^2y$ (2) $2xy^2 + 2xy^2 = 4xy^2$ (3) $2xy - 5xy = -3xy$
(4) $-2xy + 6xy = 4xy$ (5) $x^2 - y^2 =$ (nicht möglich) (6) $1{,}5x^2y + 1{,}5x^2y = 3x^2y$
(7) $9xy - 5xy = 4xy$ (8) $4xy - 7xy = -3xy$ (9) $2x^2y + x^2y = 3x^2y$
(10) $xy^2 + 3xy^2 = 4xy^2$
Gleichwertig sind also (1), (6) und (9); (2) und (10); (3) und (8); (4) und (7).
(5) ist nicht weiter zusammenfassbar und mit keinem anderen Term gleichwertig.

9 a) $3p + 7 + 8p - 11 = 11p - 4$ b) $-14v + 18w + 12v - 23w - v = -3v - 5w$
c) $9a^2 + 11a - a^2 - 5a = 8a^2 + 6a$ d) $2^2c - 2c^2 + 3c - 3^2c^2 = 7c - 11c^2$
e) $15a^2x + 22ax^2 + 17ax + 4a^2x - 12ax^2 + 3ax = 19a^2x + 10ax^2 + 20ax$

10 a) $6 \cdot (-8x) = 6 \cdot ((-8) \cdot x) = (6 \cdot (-8)) \cdot x = \mathbf{-48x}$ **Seite 29**
b) $(-5) \cdot 7a = (-5) \cdot (7 \cdot a) = ((-5) \cdot 7) \cdot a = \mathbf{-35a}$
c) $-3z \cdot (-2) = (-3 \cdot z) \cdot (-2) = -3 \cdot (z \cdot (-2)) = -3 \cdot (-2 \cdot z) = (-3 \cdot (-2)) \cdot z = \mathbf{6z}$
d) $40a : 8 = \frac{40 \cdot a}{8} = (40 : 8) \cdot a = \mathbf{5a}$
e) $-25xy : (-5) = \frac{-25 \cdot x \cdot y}{-5} = (-25 : (-5)) \cdot x \cdot y = \mathbf{5xy}$

11 a) $13 \cdot 9xy = \mathbf{117xy}$ b) $52a^2:(-4) = \mathbf{-13a^2}$
e) $17cd^2 \cdot (-4) = \mathbf{-68cd^2}$ f) $-225a^2bx^2y:25 = \mathbf{-9a^2bx^2y}$

12 a) $7 \cdot 5a + 6 \cdot 8a = 35a + 48a = \mathbf{83a}$
b) $105pq:7 - 42pq:6 = 15pq - 7pq = \mathbf{8pq}$
c) $4{,}5az:(-1{,}5) - 2{,}5az \cdot (-0{,}5) = -3az + 1{,}25az = \mathbf{-1{,}75az}$

Seite 30 13 a) $2a \cdot 3a = \mathbf{6a^2}$ b) $8p:(-3p) = \mathbf{-2\frac{2}{3}}$ c) $-5{,}2r^2 \cdot 0{,}5r^2 = \mathbf{-2{,}6r^4}$ d) $z^5:0{,}25z^3 = \mathbf{4z^2}$

14 a) $3x^2 \cdot 7x^3 = (3 \cdot 7) \cdot (x^2 \cdot x^3) = 21 \cdot x^{2+3} = \mathbf{21x^5}$
b) $-33z^5:(-11z^3) = (-33:(-11)) \cdot (z^5:z^3) = 3 \cdot z^{5-3} = \mathbf{3z^2}$
c) $-4p^2q \cdot 9pq \cdot (-2pq^2) = (-4 \cdot 9 \cdot (-2)) \cdot (p^2 \cdot p \cdot p) \cdot (q \cdot q \cdot q^2) = 72 \cdot p^{2+1+1} \cdot q^{1+1+2} = \mathbf{72p^4q^4}$

15 a) $12u^2v \cdot (-2uv^3) - 36u^5v^6:(-9u^2v^2) = -24u^3v^4 - (-4u^3v^4) = \mathbf{-20u^3v^4}$
b) $-96a^3w^3:(-16w) + 28a^2 \cdot 0{,}5aw^2 - 40a^3w^2:(-8) = 6a^3w^2 + 14a^3w^2 - (-5a^3w^2) = \mathbf{25a^3w^2}$
c) $-7b^2 \cdot (-6y^3) + 28b^4y^2:7b + 16b^2y^4:(-4y) - b^2y \cdot by = 42b^2y^3 + 4b^3y^2 - 4b^2y^3 - b^3y^2$
$= \mathbf{38b^2y^3 + 3b^3y^2}$

Seite 31 16 a) $5(x + y) = \mathbf{5x + 5y}$ b) $(a - b) \cdot ab = \mathbf{a^2b - ab^2}$
c) $2a \cdot (a - 2b + a^2) = \mathbf{2a^2 - 4ab + 2a^3}$ d) $3rs \cdot (4r - 12s + rs) = \mathbf{12r^2s - 36rs^2 + 3r^2s^2}$

17 a) $\frac{1}{4} \cdot (16a - 8b) + \frac{1}{2} \cdot (10b - 6a) = 4a - 2b + 5b - 3a = \mathbf{a + 3b}$
b) $0{,}6x \cdot (2{,}5x - 0{,}5y) + 1{,}5y \cdot (0{,}6y + 2{,}2x) = 1{,}5x^2 - 0{,}3xy + 0{,}9y^2 + 3{,}3xy = \mathbf{1{,}5x^2 + 3xy + 0{,}9y^2}$
c) $a^2(9ab^2 - 6b^3) - 4a^3b^2 + (5a^2b + 7a^3)b^2 - 11a^2b^3$
$= 9a^3b^2 - 6a^2b^3 - 4a^3b^2 + 5a^2b^3 + 7a^3b^2 - 11a^2b^3 = \mathbf{12a^3b^2 - 12a^2b^3}$

Seite 32 18 a) $-(x - 2y + 3z) = \mathbf{-x + 2y - 3z}$
b) $-2 \cdot (-a + 3b) = \mathbf{2a - 6b}$
c) $6a - (3a - 5b) + 2b = 6a - 3a + 5b + 2b = \mathbf{3a + 7b}$
d) $-2x \cdot (3x - 5) - (-5x + x^2) = -6x^2 + 10x + 5x - x^2 = \mathbf{-7x^2 + 15x}$

19 a) $(7{,}5x^2y^3 + 10x^3y^2):2{,}5xy^2 = \mathbf{3xy + 4x^2}$
b) $(18c^3d^2 + 24c^2d):(-3cd) - (-12c^2d^2 + 16c^3d^3):4cd^2 = -6c^2d - 8c - (-3c + 4c^2d)$
$= \mathbf{-10c^2d - 5c}$
c) $\left(-\frac{3}{4}ax + \frac{5}{8}bx\right):\left(-\frac{1}{2}x\right) - \left(\frac{5}{6}a^2 - \frac{7}{12}ab\right):\frac{1}{3}a = \frac{3}{2}a - \frac{5}{4}b - \left(\frac{5}{2}a - \frac{7}{4}b\right) = \mathbf{-a + \frac{1}{2}b}$

Seite 33 20 a) $5a - 10x = \mathbf{5 \cdot (a - 2x)}$
b) $8ax^2 - 5b^2x^2 = \mathbf{(8a - 5b^2) \cdot x^2}$
d) $-5c^2w^4 + 3c^3w^2 - 7cw^3 = \mathbf{cw^2 \cdot (-5cw^2 + 3c^2 - 7w)}$
d) $18r^2s^3 - 30r^3s + 24r^4s^2 = \mathbf{6r^2s \cdot (3s^2 - 5r + 4r^2s)}$

21 a) $2{,}7by^2 - 3{,}6b^2y^2 + 5{,}4by = \mathbf{0{,}9by \cdot (3y - 4by + 6)}$
b) $0{,}1x^2 + 0{,}01x^3 = \mathbf{0{,}01x^2 \cdot (10 + x)}$
c) $-0{,}35c^3p + 0{,}56c^2p^2 - 0{,}7c^2p^3 = \mathbf{0{,}07c^2p \cdot (-5c + 8p - 10p^2)}$

22 a) $-5x + 12y - 9z = \mathbf{-1 \cdot (5x - 12y + 9z)}$
b) $-80p^2 + 32pq - 64q^2 = \mathbf{-8 \cdot (10p^2 - 4pq + 8q^2)}$
c) $-1{,}2x^2y - 1{,}8xy^2 + 0{,}6x^2y^2 = \mathbf{-0{,}3xy \cdot (4x + 6y - 2xy)}$

Seite 34 23 a) $(a + 12) \cdot (9 + b) = \mathbf{9a + ab + 108 + 12b}$
b) $(a^2 + 1) \cdot (a + 2) = \mathbf{a^3 + 2a^2 + a + 2}$
c) $(14ax + 5a) \cdot (8x + 12ax) = \mathbf{112ax^2 + 168a^2x^2 + 40ax + 60a^2x}$
d) $(8x + 5) \cdot (x + 7) - (2x + 9) \cdot (4x + 6) = 8x^2 + 56x + 5x + 35 - (8x^2 + 12x + 36x + 54) = \mathbf{13x - 19}$

24 a) $(a-b)\cdot(u+v) = (a+(-b))\cdot(u+v) = au + av + (-b)\cdot u + (-b)\cdot v = au + av - bu - bv$
b) $(a-b)\cdot(u-v) = (a+(-b))\cdot(u+(-v)) = au + a\cdot(-v) + (-b)\cdot u + (-b)\cdot(-v)$
$= au - av - bu + uv$
c) $(r-s)\cdot(-u-w) = r\cdot(-u) + r\cdot(-w) + (-s)\cdot(-u) + (-s)\cdot(-w) = -ru - rw + su + sw$

25 2. binomische Formel: $(a-b)^2 = (a-b)\cdot(a-b) = a^2 - ab - ba + b^2 = a^2 - 2ab + b^2$ Seite 35
3. binomische Formel: $(a+b)\cdot(a-b) = a^2 - ab + ba - b^2 = a^2 - b^2$

26 a) $(a+z)^2 = a^2 + 2az + z^2$ b) $(c-6)^2 = c^2 - 12c + 36$
c) $(2x+3y)^2 = 4x^2 + 12xy + 9y^2$ d) $\left(\frac{1}{2}st + \frac{2}{3}uw\right)\cdot\left(\frac{1}{2}st - \frac{2}{3}uw\right) = \frac{1}{4}s^2t^2 - \frac{4}{9}u^2w^2$

27 a) $c^2 + 2cd + d^2 = (c+d)^2$ b) $4u^2 - 9v^2 = (2u+3v)\cdot(2u-3v)$
c) $x^4 - 2x^2y + y^2 = (x^2-y)^2$ d) $9a^4 - 12a^2b^3 + 4b^6 = (3a^2 - 2b^3)^2$

28 a) $41^2 = (40+1)^2 = 1600 + 80 + 1 = 1681$ b) $63^2 = (60+3)^2 = 3600 + 360 + 9 = 3969$
c) $58^2 = (60-2)^2 = 3600 - 240 + 4 = 3364$ d) $51\cdot 49 = (50+1)\cdot(50-1) = 2500 - 1 = 2499$

29 a) $p^2 + 2px + x^2 = (p+x)^2$ b) $9a^2 - 30a + 25 = (3a-5)^2$

30 unbekannte Zahl: $x \rightarrow (x-8)\cdot(x+8) = x^2 - 64$

Training plus

Seite 36

21 Ein Term ist ein Ausdruck, der sich aus Zahlen und/oder Variablen und Rechenoperationen sinnvoll zusammensetzt.

22 Die Bezeichnung eines Terms richtet sich nach der Art der letzten Rechenoperation, die bei seiner Berechnung ausgeführt wird.

23 Gleichwertige Terme führen beim Einsetzen gleicher Zahlen auf gleiche Ergebnisse; gleichartige Terme sind Produktterme mit gleichen Buchstabengruppen und eventuell verschiedenen Vorfaktoren.

24 Indem man die Potenzen addiert: $a^n \cdot a^m = a^{n+m}$

25 Man multipliziert einen Produktterm mit einer Zahl indem man die Koeffizienten des Terms mit der Zahl multipliziert.
Man multipliziert einen Produktterm mit einem anderen Produktterm, indem man zunächst ihre Koeffizienten miteinander multipliziert und anschließend die Potenzfaktoren mit gleicher Basis gemäß $a^n \cdot a^m = a^{n+m}$ multipliziert.

26 $a\cdot(x+y) = ax + ay$ $(x+y)\cdot a = ax + ay$ $a\cdot(x-y) = ax - ay$
$(x-y)\cdot a = ax - ay$ $(x+y):a = x:a + y:a$ $(x-y):a = x:a - y:a$

27 Das Minuszeichen vor einem Klammerterm entspricht einer Multiplikation des Klammerterms mit −1; dabei werden alle Vor- und Rechenzeichen in der Klammer umgekehrt.

28 Der Vorgang heißt Faktorisieren; dabei wird das Distributivgesetz in der umgekehrten Richtung angewandt.

29 Man multipliziert zwei Klammerterme miteinander, indem man jeden Summanden der ersten Klammer mit jedem Summanden der zweiten Klammer unter Beachtung ihrer Vorzeichen multipliziert und dann alle diese Produkte addiert.

30 1. binomische Formel: $(a+b)^2 = a^2 + 2ab + b^2$
2. binomische Formel: $(a-b)^2 = a^2 - 2ab + b^2$
3. binomische Formel: $(a+b)\cdot(a-b) = a^2 - b^2$

Seite 37 **Abschlusstest**

1 a) $u = 4x + 3x + x + 2x + 2x + 2x + x + 3x = 18x$; $A = 3x \cdot 4x - 2x \cdot 2x = 12x^2 - 4x^2 = 8x^2$
b) $u = 18 \cdot 2{,}5 = 45\,\text{LE}$; $A = 8 \cdot 2{,}5^2 = 50\,\text{FE}$

2 a) Rechenbaum siehe rechts, Term: $(2x - 6)^2$
b) Potenzterm
c) $x = -1$: $(2 \cdot (-1) - 6)^2 = (-8)^2 = 64$;
$x = 3$: $(2 \cdot 3 - 6)^2 = 0^2 = 0$;
$x = 5$: $(2 \cdot 5 - 6)^2 = 4^2 = 16$
d) $(2x - 6)^2 = (2x)^2 - 2 \cdot 2x \cdot 6 + 6^2 = \mathbf{4x^2 - 24x + 36}$

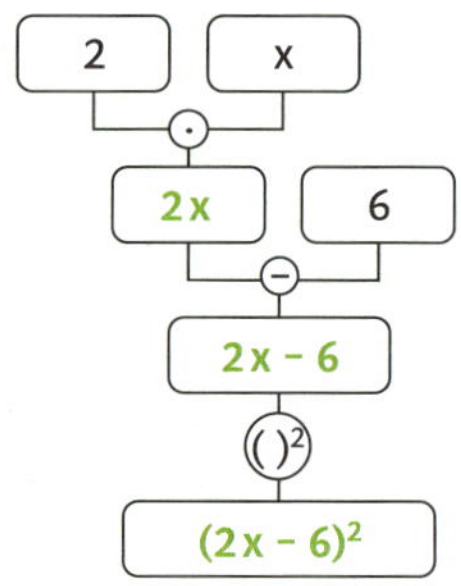

3 a) $-1{,}2a^2b - 3{,}6ab^3 = \mathbf{-1{,}2ab \cdot (a + 3b^2)}$
b) $7{,}5p^2x - 10px^2 + 17{,}5px = \mathbf{2{,}5px \cdot (3p - 4x + 7)}$
c) $0{,}1c^3d^4e^2 - 0{,}25c^2d^3e^3 = \mathbf{0{,}05c^2d^3e^2 \cdot (2cd - 5e)}$

4 a) $5a - 3 \cdot (-4 + 9a) + 18 = 5a + 12 - 27a + 18 = -22a + 30 = \mathbf{2 \cdot (-11a + 15)}$
b) $5y \cdot (x + 3) - 15 \cdot (y + 2x) = 5xy + 15y - 15y - 30x = 5xy - 30x = \mathbf{5x \cdot (y - 6)}$
c) $(3p - 4q) \cdot (6q + 7) - 3 \cdot (7p - 8q^2) = 18pq + 21p - 24q^2 - 28q - 21p + 24q^2$
$= 18pq - 28q = \mathbf{2q \cdot (9p - 14)}$

5 a) unbekannte Zahl: $x \rightarrow (2x - 5) \cdot (2x + 5) = \mathbf{4x^2 - 25}$
b) unbekannte Zahl: $x \rightarrow (x - 3)^2 + 6 \cdot (x - 3) = x^2 - 6x + 9 + 6x - 18 = x^2 - 9 = \mathbf{(x + 3) \cdot (x - 3)}$

30 – 24 Punkte	23 – 15 Punkte	unter 15 Punkte
sehr gut bis gut	befriedigend bis ausreichend	nicht mehr ausreichend

Kapitel 4: Lineare Gleichungen

Aufgaben

Seite 38

1 a) falsch b) wahr c) wahr
d) wahr e) wahr f) falsch

Seite 39

2 a) $3 \cdot (x + 1) = 3$; $L = \{0\}$
$3 \cdot (-2 + 1) = -3 \neq 3$ (f)
$3 \cdot (0 + 1) = 3 = 3$ (w)
$3 \cdot (5 + 1) = 18 \neq 3$ (f)

b) $2x - 6 = 4$; $L = \{5\}$
$2 \cdot (-2) - 6 = -10 \neq 4$ (f)
$2 \cdot 0 - 6 = -6 \neq 4$ (f)
$2 \cdot 5 - 6 = 4 = 4$ (w)

c) $-x + 1 = -1$; $L = \{\ \}$
$-(-2) + 1 = 3 \neq -1$ (f)
$-0 + 1 = 1 \neq -1$ (f)
$-5 + 1 = -4 \neq -1$ (f)

3

	$G_x = \{-1; 0; 1\}$	$G_x = \mathbb{N}$	$G_x = \mathbb{Z}$	$G_x = \mathbb{Q}$
$5x - 4 = 1$	$\{1\}$	$\{1\}$	$\{1\}$	$\{1\}$
$x^2 = x$	$\{0; 1\}$	$\{1\}$	$\{0; 1\}$	$\{0; 1\}$
$x^2 = 4$	$\{\ \}$	$\{2\}$	$\{-2; 2\}$	$\{-2; 2\}$
$2x = -3$	$\{\ \}$	$\{\ \}$	$\{\ \}$	$\{-1{,}5\}$

4 a) ☒ $x + 2 = 7$ ist eine **lineare Gleichung**.
b) ☐ Ausmultiplizieren: $x^2 - 4 = 7$ ist eine quadratische, also **keine lineare Gleichung**.
c) ☒ Ausmultiplizieren: $x^2 + 2x - x^2 = 7 \Leftrightarrow 2x = 7$ ist eine **lineare Gleichung**.

Seite 40

5 a)

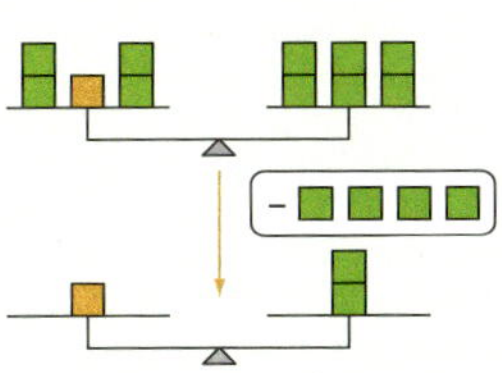

$x + 4 = 6 \quad | -4$
⇔ $x + 4 - 4 = 6 - 4$
⇔ $x = 2$; $L = \{2\}$

b)

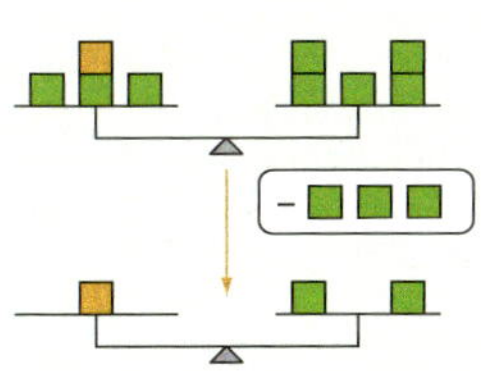

$x + 3 = 5 \quad | -3$
⇔ $x + 3 - 3 = 5 - 3$
⇔ $x = 2$; $L = \{2\}$

c)

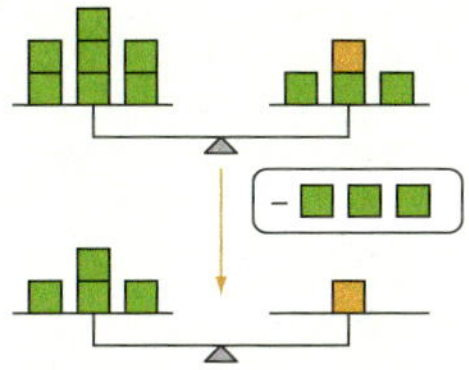

$7 = x + 3 \quad | -3$
⇔ $7 - 3 = x + 3 - 3$
⇔ $4 = x$; $L = \{4\}$

6 a) $x + 12 = 43 \quad | -12$
⇔ $x + 12 - 12 = 43 - 12$
⇔ $x = 31$; $L = \{31\}$

b) $x - 12 = 15 \quad | +12$
⇔ $x - 12 + 12 = 15 + 12$
⇔ $x = 27$; $L = \{27\}$

c) $9 = x + 14 \quad | -14$
⇔ $9 - 14 = x + 14 - 14$
⇔ $-5 = x$; $L = \{-5\}$

Seite 41

7 a)

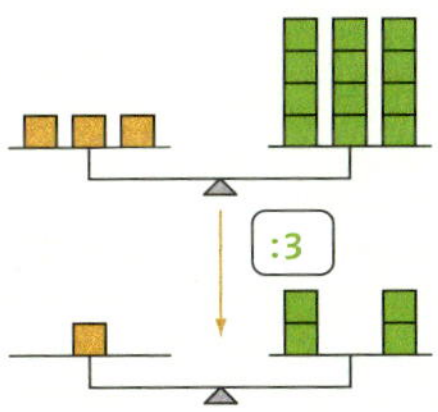

$3x = 12 \quad | :3$
⇔ $3x:3 = 12:3$
⇔ $x = 4$; $L = \{4\}$

b)

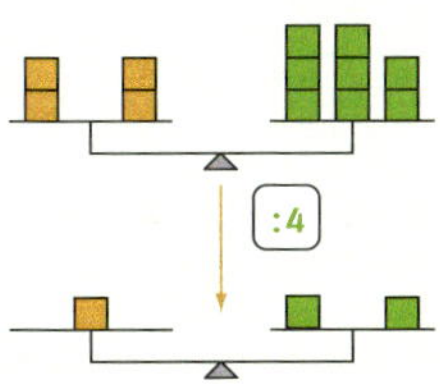

$4x = 8 \quad | :4$
⇔ $4x:4 = 8:4$
⇔ $x = 2$; $L = \{2\}$

c)

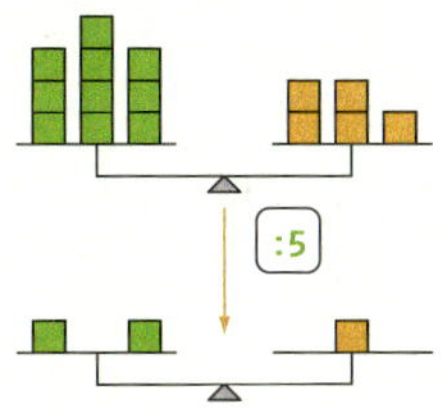

$10 = 5x \quad | :5$
⇔ $10:5 = 5x:5$
⇔ $2 = x$; $L = \{2\}$

8 a) $8x = -20 \quad | :8$
⇔ $8x:8 = -20:8$
⇔ $x = -2{,}5$; $L = \{-2{,}5\}$

b) $\frac{1}{2}x = 5 \quad | :\frac{1}{2}$
⇔ $\frac{1}{2}x : \frac{1}{2} = 5 : \frac{1}{2}$
⇔ $x = 10$; $L = \{10\}$

d) $-2\frac{1}{2}x = -\frac{3}{4} \quad | :\left(-2\frac{1}{2}\right)$
⇔ $x = -\frac{3}{4}:\left(-2\frac{1}{2}\right)$
⇔ $x = \frac{3}{10}$; $L = \left\{\frac{3}{10}\right\}$

Seite 42

9 $3x + 2 = 8 \quad | -2$
⇔ $3x + 2 - 2 = 8 - 2$
⇔ $3x = 6 \quad | :3$
⇔ $3x:3 = 6:3$
⇔ $x = 2$; $L = \{2\}$

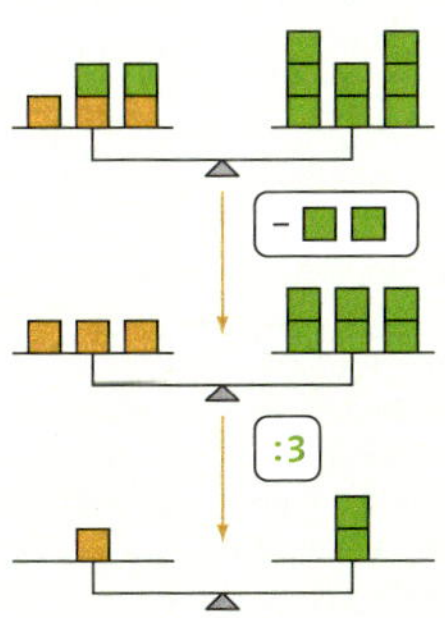

10 a) $1{,}2x - 2{,}6 = 3{,}4 \quad | +2{,}6$
⇔ $1{,}2x - 2{,}6 + 2{,}6 = 3{,}4 + 2{,}6$
⇔ $1{,}2x = 6 \quad | :1{,}2$
⇔ $1{,}2x:1{,}2 = 6:1{,}2$
⇔ $x = 5$; $L = \{5\}$

b) $-1\frac{3}{7}\cdot\left(1\frac{2}{5} - x\right) = 2\frac{2}{7}$
⇔ $-\frac{10}{7}\cdot\left(\frac{7}{5} - x\right) = 2\frac{2}{7}$
⇔ $-2 + \frac{10}{7}x = 2\frac{2}{7} \quad | +2$
⇔ $-2 + 2 + \frac{10}{7}x = 2\frac{2}{7} + 2$
⇔ $\frac{10}{7}x = 4\frac{2}{7} \quad | :\frac{10}{7}$
⇔ $\frac{10}{7}x : \frac{10}{7} = \frac{30}{7} : \frac{10}{7}$
⇔ $x = 3$; $L = \{3\}$

Seite 43

11 a) $6 \cdot (x - 2) = 2 \cdot (x - 15)$

$\Leftrightarrow 6x - 12 = 2x - 30 \quad | +12$

$\Leftrightarrow 6x = 2x - 18 \quad | -2x$

$\Leftrightarrow 4x = -18 \quad | :4$

$\Leftrightarrow x = -4{,}5;\ L = \{-4{,}5\}$

Probe:

$6 \cdot (-4{,}5 - 2) = 2 \cdot (-4{,}5 - 15)$

$6 \cdot (-6{,}5) = 2 \cdot (-19{,}5)$

$-39 = -39$ ✓

b) $4 \cdot (x - 5) + x = 3 \cdot (10 - x) + 6$

$\Leftrightarrow 4x - 20 + x = 30 - 3x + 6$

$\Leftrightarrow 5x - 20 = 36 - 3x \quad | +20$

$\Leftrightarrow 5x = 56 - 3x \quad | +3x$

$\Leftrightarrow 8x = 56 \quad | :8$

$\Leftrightarrow x = 7;\ L = \{7\}$

Probe: $4 \cdot (7 - 5) + 7 = 3 \cdot (10 - 7) + 6$

$4 \cdot 2 + 7 = 3 \cdot 3 + 6$

$15 = 15$ ✓

c) $2 \cdot (1 + x) + 2x = 4 \cdot (1 + x) - 2$

$\Leftrightarrow 2 + 2x + 2x = 4 + 4x - 2$

$\Leftrightarrow 2 + 4x = 2 + 4x \quad | -4x$

$\Leftrightarrow 2 = 2$ (wahr); $L = \mathbb{Q}$

Probe mit beliebiger Zahl, z. B. $x = 1$:

$2 \cdot (1 + 1) + 2 \cdot 1 = 4 \cdot (1 + 1) - 2$

$2 \cdot 2 + 2 = 4 \cdot 2 - 2$

$6 = 6$ ✓

d) $5 \cdot (1 + x) - 3 = 10 \cdot (1 + x) - 5x$

$\Leftrightarrow 5 + 5x - 3 = 10 + 10x - 5x$

$\Leftrightarrow 2 + 5x = 10 + 5x \quad | -5x$

$\Leftrightarrow 2 = 10$ (falsch); $L = \{\ \}$

Seite 44

12 a) $3 \cdot (x - 1) = 2x - 8;\ L = \{-5\}$

b) $n \cdot (n + 1) - 12 = n \cdot (n - 1);\ L = \{6\}$

13 a) Vorüberlegung:

	heute	in 5 Jahren
Klaus	x	x + 5
Anke	2x	2x + 5

$2x + 5 = 1{,}5 \cdot (x + 5)$

$\Leftrightarrow 2x + 5 = 1{,}5x + 7{,}5 \quad | -5$

$\Leftrightarrow 2x = 1{,}5x + 2{,}5 \quad | -1{,}5x$

$\Leftrightarrow 0{,}5x = 2{,}5 \quad | :0{,}5$

$\Leftrightarrow x = 5$

Klaus ist heute 5, Anke 10 Jahre alt.

b) Vorüberlegung:

	vor 5 Jahren	heute	in 25 Jahren
Lisa	x − 5	x	x + 25
Vater	7 · (x − 5)		2 · (x + 25)

$7 \cdot (x - 5) + 30 = 2 \cdot (x + 25)$

$\Leftrightarrow 7x - 35 + 30 = 2x + 50$

$\Leftrightarrow 7x - 5 = 2x + 50 \quad | +5$

$\Leftrightarrow 7x = 2x + 55 \quad | -2x$

$\Leftrightarrow 5x = 55 \quad | :5$

$\Leftrightarrow x = 11$

Lisa ist heute 11, ihr Vater 47 Jahre alt.

14 a) kürzere Seite = x; längere Seite = x + 3 cm; Gleichung: $2x + 2 \cdot (x + 3) = 42 \Leftrightarrow x = 9$;
einsetzen: kürzere Seite = 9 cm; längere Seite = 9 cm + 3 cm = 12 cm

$\Rightarrow$ **Die Längen der beiden Rechteckseiten betragen 9 cm und 12 cm**

b) Quadratseite = x;
Gleichung: $(x - 2) \cdot (x + 5) = x^2 + 8 \Leftrightarrow x^2 + 3x - 10 = x^2 + 8 \Leftrightarrow 3x = 18 \Leftrightarrow x = 6$

$\Rightarrow$ **Die Seitenlänge des Quadrates beträgt 6 dm.**

15 a) Preis der Mischung = x; Gleichung: $3{,}6\,\text{kg} \cdot 12{,}60\,\frac{€}{\text{kg}} + 4{,}2\,\text{kg} \cdot 7{,}20\,\frac{€}{\text{kg}} = (3{,}6\,\text{kg} + 4{,}2\,\text{kg}) \cdot x$

$\Leftrightarrow 45{,}36\,€ + 30{,}24\,€ = 7{,}8\,\text{kg} \cdot x \Leftrightarrow x = 75{,}60\,€ : 7{,}8\,\text{kg} = 9{,}69\,\frac{€}{\text{kg}}$

$\Rightarrow$ **Der Händler kann die Mischung für 9,69 € pro Kilogramm anbieten.**

b) Menge des kalten Wassers = x; Gleichung: $45\,\ell \cdot 42\,°\text{C} + x \cdot 18\,°\text{C} = (45\,\ell + x) \cdot 33\,°\text{C} \Leftrightarrow$
$1890\,\ell\,°\text{C} + 18\,°\text{C} \cdot x = 1485\,\ell\,°\text{C} + 33\,°\text{C} \cdot x \Leftrightarrow 15\,°\text{C} \cdot x = 405\,\ell\,°\text{C} \Leftrightarrow x = 405\,\ell\,°\text{C} : 15\,°\text{C} = 27\,\ell$

$\Rightarrow$ **Man muss noch 27 ℓ kaltes Wasser dazulaufen lassen.**

Seite 45

Training plus

31 Unter einer Gleichung versteht man das **Gleichsetzen zweier Terme** T_1 und T_2: $T_1 = T_2$.

32 Eine derartige Gleichung heißt **wahre oder falsche Aussage**.

33 In diesem Fall ist die Gleichung eine **Aussageform**. Beim Einsetzen von Werten entsteht dann eine **wahre oder falsche Aussage**.

34 Lösungsmenge.

35 Eine Geichung ist dann linear, wenn die **Variable nur in der ersten Potenz** auftritt. (Im Beispiel der Variablen x also für $x^1 = x$.)

36 Der Doppelpfeil steht für eine **Äquivalenzumformung**. Das bedeutet, dass hier eine Gleichungsumformung vorgenommen wird, die die **Lösungsmenge nicht verändert**.

37 Typ 1: $x + c = d$, eine Äquivalenzumformung genügt für die Lösung.
Typ 2: $ax = d$, auch hier genügt eine Äquivalenzumformung für die Lösung.
Typ 3: $ax + c = d$, hier muss man zweimal äquivalent umformen, um die Lösung zu erhalten.

38 1. Subtrahiere 3 auf beiden Seiten; 2. dividiere beide Seiten durch −5.

39 a) Die Lösungsmenge entspricht der Grundmenge: $L = G_x$.
b) Die Lösungsmenge ist die leere Menge $L = \{\ \}$.

40 Man setzt den errechneten Lösungswert in die Ausgangsgleichung ein und zeigt, dass beide Gleichungsseiten denselben Wert liefern.

Abschlusstest

Seite 46

1 a) $4x - 5 = 15$
$4 \cdot (-2) - 5 = -13 \neq 15$ (f)
$4 \cdot 0 - 5 = -5 \neq 15$ (f)
$4 \cdot 1 - 5 = -1 \neq 15$ (f)
$4 \cdot 5 - 5 = 15 = 15$ (w)
$L = \{5\}$

b) $-3 \cdot (6 - x) = -24$
$-3 \cdot (6 - (-2)) = -24 = -24$ (w)
$-3 \cdot (6 - 0) = -18 \neq -24$ (f)
$-3 \cdot (6 - 1) = -15 \neq -24$ (f)
$-3 \cdot (6 - 5) = -3 \neq -24$ (f)
$L = \{-2\}$

c) $x \cdot (x - 1) = 0$
$-2 \cdot (-2 - 1) = 6 \neq 0$ (f)
$0 \cdot (0 - 1) = 0 = 0$ (w)
$1 \cdot (1 - 1) = 0 = 0$ (w)
$5 \cdot (5 - 1) = 20 \neq 0$ (f)
$L = \{0, 1\}$

2 a) Die Gleichung ist **linear**, weil x nur in der ersten Potenz auftritt
b) $3 \cdot (x + 3) = 2 \cdot (4 - x) \Leftrightarrow 3x + 9 = 8 - 2x$; die Gleichung ist **linear**.
c) $x \cdot (2 - 3x) = 2x + 5 \Leftrightarrow 2x - 3x^2 = 2x + 5$; die Gleichung ist **nicht linear**.
d) $x \cdot (2x - 3) = 2x^2 + 5x \Leftrightarrow 2x^2 - 3x = 2x^2 + 5x \Leftrightarrow -3x = 5x$; die Gleichung ist **linear**.

3 a)
$5x + 2 = 3x + 8 \quad | -3x; -2$
$\Leftrightarrow 2x = 6 \quad | :2$
$\Leftrightarrow x = 3 \in \mathbb{N},\ L = \{3\}$

b)
$2x + 7 = 6x + 1 \quad | -2x; -1$
$\Leftrightarrow 6 = 4x \quad | :4$
$\Leftrightarrow \frac{6}{4} = x$
$\Leftrightarrow x = 1{,}5 \notin \mathbb{N},\ L = \{\ \}$

c) Die Lösungsmenge wird maßgeblich durch die Grundmenge beeinflusst.

Seite 47

4 a)
$\frac{1}{2} \cdot (6 - 2x) = x + 8$
$\Leftrightarrow 3 - x = x + 8 \quad | -x$
$\Leftrightarrow 3 - 2x = 8 \quad | -3$
$\Leftrightarrow -2x = 5 \quad | :(-2)$
$\Leftrightarrow x = -2{,}5;\ L = \{-2{,}5\}$

Probe:
$\frac{1}{2} \cdot (6 - 2 \cdot (-2{,}5)) = -2{,}5 + 8$
$\frac{1}{2} \cdot 11 = 5{,}5$
$5{,}5 = 5{,}5$ ✓

b)
$3 \cdot (2x + 1) + x = 3 \cdot (2 - x) + 1$
$\Leftrightarrow 6x + 3 + x = 6 - 3x + 1$
$\Leftrightarrow 7x + 3 = 7 - 3x \quad | -3$
$\Leftrightarrow 7x = 4 - 3x \quad | +3x$
$\Leftrightarrow 10x = 4 \quad | :10$
$\Leftrightarrow x = 0{,}4;\ L = \{0{,}4\}$

Probe:
$3 \cdot (2 \cdot 0{,}4 + 1) + 0{,}4 = 3 \cdot (2 - 0{,}4) + 1$
$3 \cdot 1{,}8 + 0{,}4 = 3 \cdot 1{,}6 + 1$
$5{,}8 = 5{,}8$ ✓

5 a) gesuchte Zahl: x; Gleichung: $3x - 2 = 5 \cdot (x - 4) \Leftrightarrow$ **$x = 9$**
b) kürzere Seite: x; längere Seite: 2x; Gleichung: $2x \cdot x = (2x - 5) \cdot (x + 5) \Leftrightarrow$ **$x = 5\,cm$**

30 – 24 Punkte	23 – 15 Punkte	unter 15 Punkte
sehr gut bis gut	befriedigend bis ausreichend	nicht mehr ausreichend

Kapitel 5: Ungleichungen

Aufgaben

Seite 48 1 a) $6 < 7$ b) $6 \leq 6$ c) $-2{,}4 > -3$ d) $-2{,}4 \geq -3$

Seite 49 2 a) $8 < 8$ b) $8 \leq 7$ c) $-4{,}5 > -4$ d) $-4{,}5 \geq -4$

3 a) $x > -2$ b) $x \leq 1$ c) $x \geq 0$

4 a)

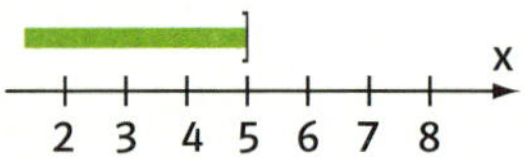

b)

c)

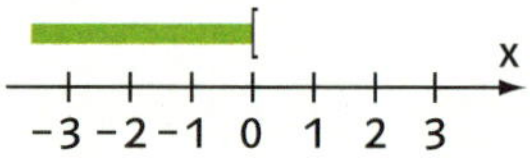

Seite 50 5 a)

$3x + 2 < 8 \quad |-2$
$\Leftrightarrow \quad 3x < 6 \quad |:3$
$\Leftrightarrow \quad x < 2$
$L = \{x \in \mathbb{Q} \mid x < 2\}$

b)

$17 < 4x + 5 \quad |-5$
$\Leftrightarrow \quad 12 < 4x \quad |:4$
$\Leftrightarrow \quad 3 < x$
$L = \{x \in \mathbb{Q} \mid x > 3\}$

c)

$5x + 3 > 3x + 7 \quad |-3$
$\Leftrightarrow \quad 5x > 3x + 4 \quad |-3x$
$\Leftrightarrow \quad 2x > 4 \quad |:2$
$\Leftrightarrow \quad x > 2$
$L = \{x \in \mathbb{Q} \mid x > 2\}$

6 a)

$1 - \frac{1}{2}x \geq x - \frac{1}{2} \quad |-1$
$\Leftrightarrow \quad -\frac{1}{2}x \geq x - 1\frac{1}{2} \quad |-x$
$\Leftrightarrow \quad -1\frac{1}{2}x \geq -1\frac{1}{2} \quad |:(-1\frac{1}{2})$
$\Leftrightarrow \quad x \leq 1;$ → Bereich 4

b)

$4{,}3x - 4{,}4 < 3{,}3x - 3{,}4 \quad |+4{,}4$
$\Leftrightarrow \quad 4{,}3x < 3{,}3x + 1 \quad |-3{,}3x$
$\Leftrightarrow \quad x < 1;$ → Bereich 3

c)

$1{,}6 - 3{,}6x \leq 1{,}2x - 3{,}2 \quad |-1{,}6$
$\Leftrightarrow \quad -3{,}6x \leq 1{,}2x - 4{,}8 \quad |-1{,}2x$
$\Leftrightarrow \quad -4{,}8x \leq -4{,}8 \quad |:(-4{,}8)$
$\Leftrightarrow \quad x \geq 1;$ → Bereich 2

7 a)

$3(4 \cdot 2 - 8) \ ? \ -2(5 - 3 \cdot 2)$
$3 \cdot 0 \ ? \ -2 \cdot (-1)$
$0 < 2$

$3(4x - 8) < -2(5 - 3x)$
$\Leftrightarrow \quad 12x - 24 < -10 + 6x \quad |+24$
$\Leftrightarrow \quad 12x < 14 + 6x \quad |-6x$
$\Leftrightarrow \quad 6x < 14 \quad |:6$
$\Leftrightarrow \quad x < 2\frac{1}{3}; \ L = \mathbb{Q}^{<2\frac{1}{3}}$

b)

$2(6 \cdot 2 + 4) - 2 \cdot 2 \ ? \ (3 \cdot 2 - 5)(2 \cdot 2 - 2) - 1$
$2 \cdot 16 - 4 \ ? \ 1 \cdot 2 - 1$
$28 > 1$

$x(6x + 4) - 2x > (3x - 5)(2x - 2) - 1$
$\Leftrightarrow \quad 6x^2 + 4x - 2x > 6x^2 - 6x - 10x + 10 - 1 \quad |-6x^2$
$\Leftrightarrow \quad 2x > -16x + 9 \quad |+16x$
$\Leftrightarrow \quad 18x > 9 \quad |:18$
$\Leftrightarrow \quad x > \frac{1}{2}; \ L = \mathbb{Q}^{>\frac{1}{2}}$

Seite 51 8 a) Gesuchte Zahlen: x; Ungleichung: $6x - 75 < 4(25 - x)$; $L = \mathbb{Q}^{<17{,}5} = \{x \in \mathbb{Q} \mid x < 17{,}5\}$
b) Gesuchte Zahlen: x; Ungleichung: $3x + 10 \leq -x + 50$; $L = \mathbb{Q}^{\leq 10} = \{x \in \mathbb{Q} \mid x \leq 10\}$

Seite 52 9 a) Fahrtstrecke: x; Ungleichung: $5 + 1{,}2x \leq 2 + 1{,}5x$; Er fährt mindestens 10 km.
b) Länge der kürzeren Seite: x; Länge der längeren Seite: $y \geq x + 5$;
Ungleichung: $40 = 2x + 2y \geq 2x + 2(x + 5) \Leftrightarrow 40 \geq 4x + 10$
Die kürzere Seite darf höchstens 7,5 m lang sein.

Seite 53

10 a) (1) $x < 0 \vee$ (2) $x \geq 1$
$L = \mathbb{Q}^{<0} \cup \mathbb{Q}^{\geq 1} = \{x \in \mathbb{Q} \mid x < 0 \vee x \geq 1\}$

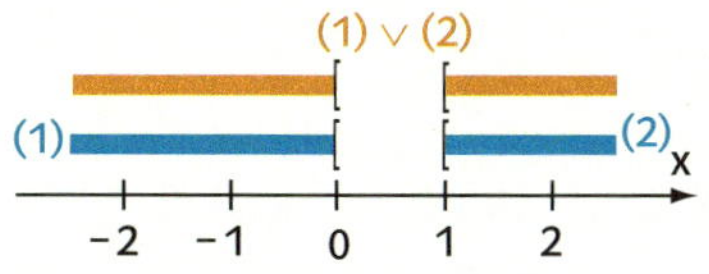

b) (1) $x \geq -2 \wedge$ (2) $x \leq 1$
$L = \mathbb{Q}^{\geq -2} \cap \mathbb{Q}^{\leq 1} = \{x \in \mathbb{Q} \mid -2 \leq x \leq 1\}$

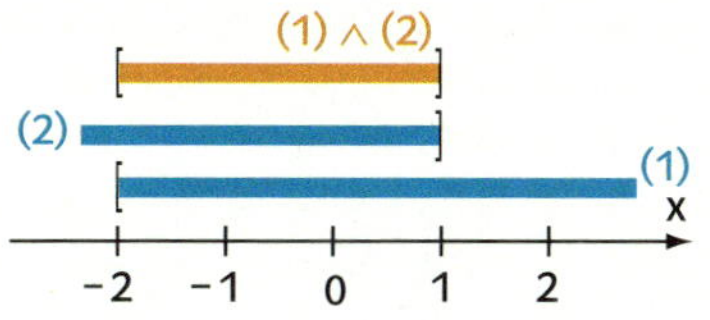

11 a) $-4 \leq x \leq -0{,}5$
$x \geq -4 \wedge x \leq -0{,}5$

b) $0{,}999 < x \leq 1$
$x > 0{,}999 \wedge x \leq 1$

c) $x = -1{,}6$
$x \leq -1{,}6 \wedge x \geq -1{,}6$

12 Bestimme die Lösungsmenge für folgendes Ungleichungspaar:

	(1) $6 \cdot (x-1) \geq 2(x+1)$		$\wedge$	(2) $4 \cdot (x+5) \geq 3(3x-5)$		
$\Leftrightarrow$	(1) $6x - 6 \geq 2x + 2$	$\mid +6$	$\wedge$	(2)	$4x + 20 \geq 9x - 15$	$\mid -20$
$\Leftrightarrow$	(1) $6x \geq 2x + 8$	$\mid -2x$	$\wedge$	(2)	$4x \geq 9x - 35$	$\mid -9x$
$\Leftrightarrow$	(1) $4x \geq 8$	$\mid :4$	$\wedge$	(2)	$-5x \geq -35$	$\mid :(-5)$
$\Leftrightarrow$	(1) $x \geq 2$		$\wedge$	(2)	$x \leq 7$	

$L = \mathbb{Q}^{\geq 2} \cap \mathbb{Q}^{\leq 7} = \{x \in \mathbb{Q} \mid 2 \leq x \leq 7\}$

Training plus

Seite 54

41 Man verbindet T_1 und T_2 durch eines der Relationszeichen $<$, $\leq$, $>$ oder $\geq$ miteinander.

42 Entweder ist a echt kleiner als b ($a < b$) oder aber a stimmt mit b überein ($a = b$).

43 Die Ungleichung hat die Form $x >$ Zahl, sodass die Zahl selbst *nicht* mit zur Lösung gehört.

44 Der Randwert 5 löst nur die zweite Ungleichung.

45 Die nach links weisende Klammer „]". Die Zahl selbst ist auch eine Lösung.

46 Äquivalenzumformungen

47 Das Relationszeichen kehrt sich um. Gleiches passiert, wenn man durch eine negative Zahl dividiert.

48 Die herabgedrückte Seite steht für die größere Seite der Ungleichung.

49 Für die Probe setzt man einen beliebigen Wert aus dem Lösungsbereich in die Ausgangsungleichung ein. Der Wert sollte auf eine möglichst *einfache* Berechnung der Ungleichung führen.

50 Beim Zeichen $\wedge$ (und, zugleich) müssen beide Ungleichungen erfüllt werden, bei $\vee$ (oder, aber auch) nur eine der Ungleichungen.

Abschlusstest

Seite 55

1 a) passend: Nr. 9 b) passend: Nr. 6 c) passend: Nr. 3

2 a)

	$4x + 2 < 3x + 6$	$\mid -2$
$\Leftrightarrow$	$4x < 3x + 4$	$\mid -3x$
$\Leftrightarrow$	$x < 4$	

$L = \mathbb{Q}^{<4} = \{x \in \mathbb{Q} \mid x < 4\}$

b)

	$x + 8 < 5x + 1$	$\mid -8$
$\Leftrightarrow$	$x < 5x - 7$	$\mid -5x$
$\Leftrightarrow$	$-4x < -7$	$\mid :(-4)$
$\Leftrightarrow$	$x > 1\frac{3}{4}$	

$L = \mathbb{Q}^{>1\frac{3}{4}} = \left\{x \in \mathbb{Q} \mid x > 1\frac{3}{4}\right\}$

3 a) Gesuchte Zahlen: x; Ungleichung: $15x - 74 \geq 8x + 52$; Lösung: $L = \mathbb{Q}^{\geq 18} = \{x \in \mathbb{Q} \mid x \geq 18\}$
b) Länge der Quadratseite: x; Ungleichung: $x^2 < (x-2) \cdot (x+3)$
Beachte: Nach dem Ausmultiplizieren der Klammern kann der quadratische Term auf beiden Seiten subtrahiert werden! Die Quadratseite muss mindestens 6 cm lang sein.

4 a) Eine Zahl ist nicht kleiner als −3 und nicht größer als 12: $x \geq -3 \wedge x \leq 12$;
kurz: $-3 \leq x \leq 12$
b) Eine Zahl ist größer als 14 oder nicht größer als 5: $x > 14 \vee x \leq 5$

5 a)

	(1) $4(x + 0{,}1) < 2(5 - x)$		$\vee$	(2) $1{,}2(5x - 2) \leq 2(x - 4)$	
	(1) $4x + 0{,}4 < 10 - 2x$	$\mid -0{,}4$	$\vee$	(2) $6x - 2{,}4 \leq 2x - 8$	$\mid +2{,}4$
$\Leftrightarrow$	(1) $4x < 9{,}6 - 2x$	$\mid +2x$	$\vee$	(2) $6x \leq 2x - 5{,}6$	$\mid -2x$
$\Leftrightarrow$	(1) $6x < 9{,}6$	$\mid :6$	$\vee$	(2) $4x \leq -5{,}6$	$\mid :4$
$\Leftrightarrow$	(1) $x < 1{,}6$		$\vee$	(2) $x \leq -1{,}4$	

$L = \mathbb{Q}^{<1{,}6} \cup \mathbb{Q}^{\leq -1{,}4} = \mathbb{Q}^{<1{,}6} = \{x \in \mathbb{Q} \mid x < 1{,}6\}$

25 – 20 Punkte	19 – 13 Punkte	unter 13 Punkte
sehr gut bis gut	befriedigend bis ausreichend	nicht mehr ausreichend

Kapitel 6: Lineare Funktionen

Aufgaben

Seite 57

1 a) (1 | A); (2 | C); (3 | B) Es liegt eine **Funktion** vor, denn jedem Element aus D wird genau ein Element aus W zugeordnet.
b) (1 | B); (2 | B); (3 | B) Es liegt eine **Funktion** vor, denn jedem Element aus D wird genau ein Element aus W zugeordnet.
c) (1 | C); (2 | A); (2 | B) Es liegt **keine Funktion** vor, weil von $2 \in D$ zwei Pfeile ausgehen, von $3 \in D$ hingegen kein Pfeil.

2 a) D = {−5; 0; 5; 10; 15}, W = {−10; −5; 5; 10; 15}, Funktion
b) D = {−10; −5; 0; 5}, W = {−10; 0; 5; 10}, keine Funktion (2 Pfeile von der −5)
c) D = {−10; −5; 0; 5; 10}, W = {−5; 0; 10}, Funktion

3 a) **Original:**

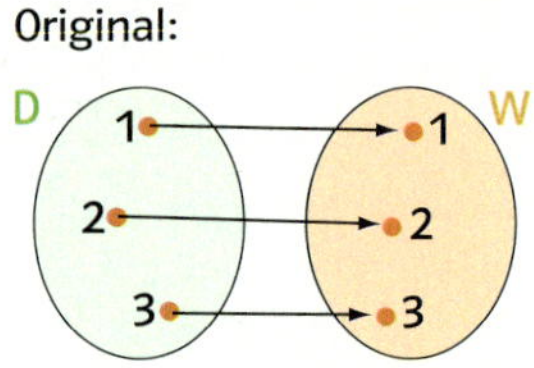

nach dem Umkehren:

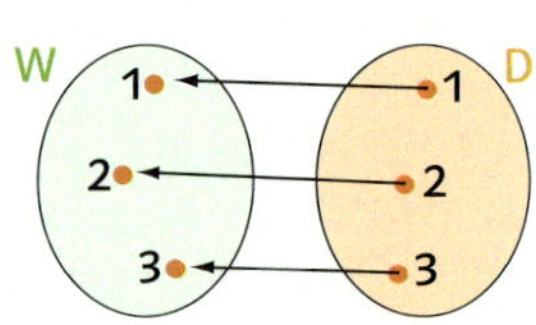

b) 1. Lösung aus Teil a): (1 | 1); (2 | 2); (3 | 3) weitere mögliche Lösungen: 2. (1 | 1); (2 | 3); (3 | 2); 3. (1 | 3); (2 | 2); (3 | 1); 4. (1 | 2); (2 | 1); (3 | 3); 5. (1 | 2); (2 | 3); (3 | 1); 6. (1 | 3); (2 | 1); (3 | 2)

Seite 58

4

	$f(x) = -4x$	$f(x) = 3x - 5$	$f(x) = x^2 - x$
f(0)	$f(0) = -4 \cdot 0 = 0$	$f(0) = 3 \cdot 0 - 5 = -5$	$f(0) = 0^2 - 0 = 0$
f(1)	$f(1) = -4 \cdot 1 = -4$	$f(1) = 3 \cdot 1 - 5 = -2$	$f(1) = 1^2 - 1 = 0$
f(3)	$f(3) = -4 \cdot 3 = -12$	$f(3) = 3 \cdot 3 - 5 = 4$	$f(3) = 3^2 - 3 = 6$
f(5)	$f(5) = -4 \cdot 5 = -20$	$f(5) = 3 \cdot 5 - 5 = 10$	$f(5) = 5^2 - 5 = 20$

5

$1 \mapsto -3;\ 2 \mapsto -5;\ 3 \mapsto -7$	$f(x) = -2x - 1$	$f(4) = -2 \cdot 4 - 1 = -9$
$1 \mapsto -1;\ 2 \mapsto -\frac{1}{2};\ 3 \mapsto -\frac{1}{3}$	$f(x) = -\frac{1}{x}$	$f(4) = -\frac{1}{4}$
$1 \mapsto \frac{1}{2};\ 2 \mapsto 2;\ 3 \mapsto 4\frac{1}{2}$	$f(x) = \frac{1}{2}x^2$	$f(4) = \frac{1}{2} \cdot 4^2 = 8$

6 a) $f(x) = 6x - 13;\ D = \mathbb{Z}$ b) $f(x) = x^2 + 7;\ D = \mathbb{Q}^+$

Seite 59

7 a) $m = \frac{y}{x} = \frac{3{,}9}{2{,}6} = 1{,}5;\ y = 1{,}5x;\ A: y = 1{,}5 \cdot (-4{,}2) = -6{,}3;\ B: x = \frac{12{,}75}{1{,}5} = 8{,}5$

b) $m = \frac{y}{x} = \frac{3}{-5} = -0{,}6;\ y = -0{,}6x;\ A: y = -0{,}6 \cdot 2 = -1{,}2;\ B: x = \frac{3{,}6}{-0{,}6} = -6$

Seite 60

8 a)

x	-3	-2	-1	0	1	2	3
y	2,7	1,8	0,9	0	-0,9	-1,8	-2,7
$m = \frac{y}{x}$	-0,9	-0,9	-0,9	–	-0,9	-0,9	-0,9

b) Zuordnungsvorschrift: $y = m \cdot x \Leftrightarrow y = -0{,}9x$

c)

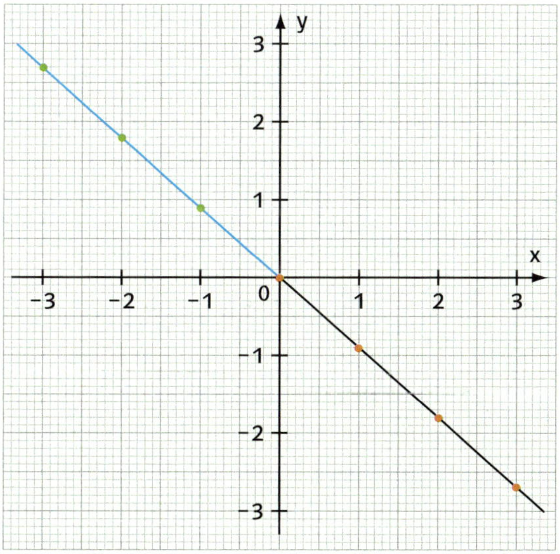

(1) $D = \mathbb{N}_0 \rightarrow$ Nur die roten Punkte

(2) $D = \mathbb{Z} \rightarrow$ Nur die roten und grünen Punkte

(3) $D = \mathbb{Q}_0^+ \rightarrow$ Die schwarze Halbgerade

(4) $D = \mathbb{Q} \rightarrow$ Die Ursprungsgerade, die sich aus der schwarzen und der blauen Halbgeraden zusammensetzt.

9 a) g_1 (grün): $m = \frac{y}{x} = \frac{1}{3}$; g_2 (orange): $m = \frac{y}{x} = \frac{3}{1} = 3$; g_3 (blau): $m = \frac{y}{x} = \frac{2}{-3} = -\frac{2}{3}$

Ergebnisse:

1. Positive Steigungsfaktoren ($m > 0$) gehören zu von links nach rechts ansteigenden Geraden (vgl. g_1, g_2), negative Steigungsfaktoren ($m < 0$) zu fallenden Geraden (vgl. g_3).
2. Mit zunehmendem Wert des positiven Steigungsfaktors verläuft die Gerade steiler ansteigend, so steigt z. B. g_2 stärker an als g_1.
3. Mit abnehmendem Wert des negativen Steigungsfaktors verläuft die Gerade auch stärker fallend.

b) grün (g): $m = \frac{y_1}{x_1} = \frac{1}{1{,}5} = \frac{2}{3}$; orange (g): $m = \frac{y_2}{x_2} = \frac{2}{3}$; blau (g): $m = \frac{y_2 - y_1}{x_2 - x_1} = \frac{2-1}{3-1{,}5} = \frac{1}{1{,}5} = \frac{2}{3}$

Ergebnisse:

1. Die Größe des Steigungsdreiecks beeinflusst den Wert des Steigungsfaktors nicht (vgl. das grüne und orangefarbene Dreieck).
2. Die Lage des Steigungsdreiecks beeinflusst den Wert des Steigungsfaktors nicht (vgl. das grüne und blaue Dreieck).
3. Die allgemeine Steigungsformel lautet: $m = \frac{y_2 - y_1}{x_2 - x_1}$.

Ist speziell der erste Bezugspunkt der Koordinatenursprung ($x_1 = 0 \mid y_1 = 0$), so resultiert die für Ursprungsgeraden vereinfachte Steigungsformel $m = \frac{y_2 - 0}{x_2 - 0} = \frac{y_{(2)}}{x_{(2)}}$.

Seite 62

10 a) g_1: $A(0\mid-1) \in g_1$; $B(3\mid1) \in g_1 \Rightarrow b = -1$; $m = \frac{y_2 - y_1}{x_2 - x_1} = \frac{1-(-1)}{3-0} = \frac{2}{3}$; $\mathbf{y = \frac{2}{3}x - 1}$

g_2: $A(0\mid1) \in g_2$; $B(3\mid3) \in g_2 \Rightarrow b = 1$; $m = \frac{y_2 - y_1}{x_2 - x_1} = \frac{3-1}{3-0} = \frac{2}{3}$; $\mathbf{y = \frac{2}{3}x + 1}$

h_1: $A(0\mid1) \in h_1$; $B(2\mid-1) \in h_1 \Rightarrow b = 1$; $m = \frac{y_2 - y_1}{x_2 - x_1} = \frac{-1-1}{2-0} = -1$; $\mathbf{y = -x + 1}$

h_2: $A(0\mid-1) \in h_2$; $B(2\mid-3) \in h_2 \Rightarrow b = -1$; $m = \frac{y_2 - y_1}{x_2 - x_1} = \frac{-3-(-1)}{2-0} = -1$; $\mathbf{y = -x - 1}$

b) 1. Parallele Geraden, z.B. g_1 und g_2 oder h_1 und h_2, haben gleiche Steigungsfaktoren.
2. Geraden, die sich auf der y-Achse schneiden, z.B. g_1 und h_1 oder g_2 und h_2, haben gleiche Achsenabschnitte.

11 a)

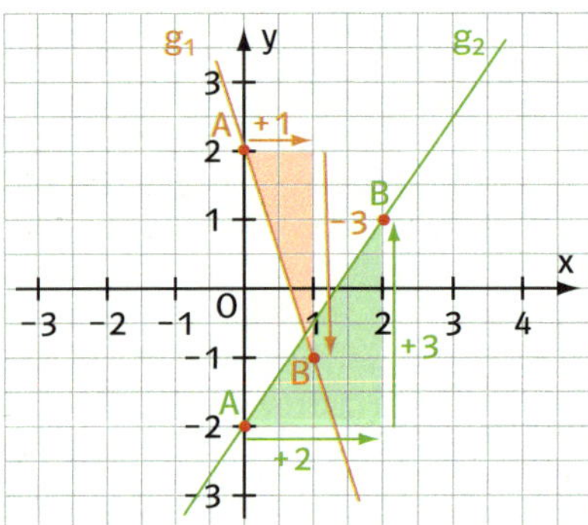

Anmerkung: Das Einzeichnen der Geraden genügt für die richtige Lösung. Steigungsdreiecke und Punkte sind hier für die Erklärung nötig und für das Verständnis sinnvoll.

b) Zu g_1: Der Achsenabschnitt 2 entspricht dem Punkt $A(0\mid2)$. Der Steigungsfaktor $m = -3 = \frac{-3}{1} = \frac{y_2 - y_1}{x_2 - x_1}$ besagt, dass man von A aus um +1 Schritt nach rechts und um −3 Schritte nach unten gehen muss, um den zweiten Punkt $B(0+1\mid2-3) = (1\mid-1)$ zu erhalten.

Zu g_2: Der Achsenabschnitt −2 entspricht dem Punkt $A(0\mid-2)$. Der Steigungsfaktor $m = 1{,}5 = \frac{3}{2} = \frac{y_2 - y_1}{x_2 - x_1}$ besagt, dass man von A aus um 2 Schritte nach rechts und um 3 Schritte nach oben gehen muss, um den zweiten Punkt $B(0+2\mid-2+3) = (2\mid1)$ zu erhalten.

12 a) Schnittpunkt mit der x-Achse: $y = 0 \Leftrightarrow 12{,}6x - 8{,}4 = 0 \Leftrightarrow 12{,}6x = 8{,}4 \Leftrightarrow x = \frac{2}{3}$
$\Rightarrow \mathbf{X\left(\frac{2}{3}\middle|0\right)}$

Schnittpunkt mit der y-Achse: $x = 0 \Leftrightarrow 12{,}6 \cdot 0 - 8{,}4 = y \Leftrightarrow y = -8{,}4 \Rightarrow \mathbf{Y(0\mid-8{,}4)}$

b) x-Achse: $y = 0 \Leftrightarrow -\frac{5}{9}x - 1\frac{2}{3} = 0 \Leftrightarrow -\frac{5}{9}x = 1\frac{2}{3} \Leftrightarrow x = -\frac{5}{3} \cdot \frac{9}{5} \Leftrightarrow x = -3 \Rightarrow \mathbf{X(-3\mid0)}$

y-Achse: $x = 0 \Leftrightarrow y = -\frac{2}{9} \cdot 0 - 1\frac{2}{3} \Leftrightarrow y = -1\frac{2}{3} \Rightarrow \mathbf{Y\left(0\middle|-1\frac{2}{3}\right)}$

Seite 63

13 a) $y = 14{,}2x + b$; $-33 = 14{,}2 \cdot (-1) + b \Leftrightarrow b = -18{,}8$; Geradengleichung: $\mathbf{y = 14{,}2x - 18{,}8}$

b) $y = 1\frac{3}{7}x + b$; $\frac{1}{5} = \frac{10}{7} \cdot \frac{14}{5} + b \Leftrightarrow \frac{1}{5} = 4 + b \quad b = -3\frac{4}{5}$; Geradengleichung: $\mathbf{y = 1\frac{3}{7}x - 3\frac{4}{5}}$

14 Füllzeit: x (min); Tankinhalt: y (ℓ); Ansatz: $y = mx + b$; Steigung: $m = 120\,\frac{\ell}{\text{min}}$
$\Rightarrow y = 120\,\frac{\ell}{\text{min}} \cdot x + b$

Maximaler Tankinhalt: $1{,}5\,\text{m} \cdot 1{,}2\,\text{m} \cdot 1{,}7\,\text{m} = 3{,}06\,\text{m}^3 = 3060\,\ell \Rightarrow A(21{,}5\,\text{min} \mid 3060\,\ell)$

$3060\,\ell = 120\,\frac{\ell}{\text{min}} \cdot 21{,}5\,\text{min} + b \Leftrightarrow 3060\,\ell = 2580\,\ell + b \Leftrightarrow b = 480\,\ell$; $\mathbf{y = 120\,\frac{\ell}{\text{min}} \cdot x + 480\,\ell}$

15 a) $A(-1{,}5|-9{,}4)$; $B(1{,}5|9{,}8)$

A: $-9{,}4 = m \cdot (-1{,}5) + b \Leftrightarrow b = -9{,}4 + 1{,}5m$ (I)

B: $9{,}8 = m \cdot 1{,}5 + b \Leftrightarrow b = 9{,}8 - 1{,}5m$ (II)

$-9{,}4 + 1{,}5m = 9{,}8 - 1{,}5m$

$\Leftrightarrow -9{,}4 + 3m = 9{,}8$

$\Leftrightarrow 3m = 19{,}2 \Leftrightarrow m = 6{,}4$

$m \rightarrow$ (II): $b = 9{,}8 - 1{,}5 \cdot 6{,}4 \Leftrightarrow b = 0{,}2$

$y = 6{,}4x + 0{,}2$

b) $A\left(1\frac{1}{3}\middle|\frac{1}{2}\right)$; $B(-2|3)$

A: $\frac{1}{2} = m \cdot 1\frac{1}{3} + b \Leftrightarrow b = \frac{1}{2} - 1\frac{1}{3}m$ (I)

B: $3 = m \cdot (-2) + b \Leftrightarrow b = 3 + 2m$ (II)

$\frac{1}{2} - 1\frac{1}{3}m = 3 + 2m$

$\Leftrightarrow \frac{1}{2} - 3\frac{1}{3}m = 3$

$\Leftrightarrow -3\frac{1}{3}m = 2\frac{1}{2}$

$\Leftrightarrow m = \frac{5}{2} \cdot \left(-\frac{3}{10}\right) \Leftrightarrow m = -\frac{3}{4}$

$m \rightarrow$ (II): $b = 3 + 2 \cdot \left(-\frac{3}{4}\right) \Leftrightarrow b = 1\frac{1}{2}$

$y = -\frac{3}{4}x + 1\frac{1}{2}$

16 Brenndauer: x (h); Restlänge der Kerze: y (cm); $A(5\,h|12\,cm)$ und $B(9\,h|8{,}8\,cm)$

A: $12\,cm = m \cdot 5\,h + b \Leftrightarrow b = 12\,cm - 5\,h \cdot m$ (I);

B: $8{,}8\,cm = m \cdot 9\,h + b \Leftrightarrow b = 8{,}8\,cm - 9\,h \cdot m$ (II)

$12\,cm - 5\,h \cdot m = 8{,}8\,cm - 9\,h \cdot m \Leftrightarrow 12\,cm + 4\,h \cdot m = 8{,}8\,cm \Leftrightarrow 4\,h \cdot m = -3{,}2\,cm$

$\Leftrightarrow m = \frac{-3{,}2\,cm}{4\,h} = -0{,}8\,\frac{cm}{h}$

$m \rightarrow$ (I): $b = 12\,cm - 5\,h \cdot \left(-0{,}8\,\frac{cm}{h}\right) \Leftrightarrow b = 16\,cm$

Funktionsgleichung: $y = -0{,}8\,\frac{cm}{h} \cdot x + 16\,cm$

Training plus

Seite 64

51 Eine Funktion ist eine eindeutige Zuordnung, bei der jedem Element einer ersten Menge, der Definitionsmenge D, genau ein Element einer zweiten Menge, der Wertemenge W, zugeordnet wird.

52 1. Durch Pfeile zwischen den Mengen D und W.
2. Durch geordnete Zahlenpaare.

53 Lassen sich die y-Werte einer Funktion durchgängig nach derselben Gesetzmäßigkeit aus den x-Werten berechnen, so besitzt diese Funktion eine **Funktionsgleichung** $y = f(x)$, bzw. eine **Zuordnungsvorschrift** $y = f(x)$.

54 Weil y proportional zu x ist, liegt eine proportionale Funktion $f(x) = mx$ vor, deren Graph als Ursprungsgerade verläuft.

55 Der Anstieg einer Geraden kann berechnet werden mit der Formel: $m = \frac{y_2 - y_1}{x_2 - x_1}$

56 Für proportionale Funktionen rechnet man einfacherweise: $m = \frac{y}{x}$

57 Eine Funktion ist genau dann linear, wenn sie eine Funktionsgleichung der Form $f(x) = mx + b$ besitzt.

58 Zwei parallel verlaufende Geraden besitzen Funktionsgleichungen mit gleichen Steigungsfaktoren.

59 Wenn sich zwei Geraden auf der y-Achse schneiden, dann besitzen ihre Funktionsgleichungen den gleichen Achsenabschnitt.

60 Zur Bestimmung einer Geradengleichung muss man entweder **die Steigung und einen Punkt** oder **zwei Punkte** kennen.

Seite 65 **Abschlusstest**

1 1. Möglichkeit: (1 | 1); (2 | 2); $y = f(x) = x$ 2. Möglichkeit: (1 | 2); (2 | 1); $y = f(x) = -x + 3$
3. Möglichkeit: (1 | 1); (2 | 1); $y = f(x) = 1$ 4. Möglichkeit: (1 | 2); (2 | 2); $y = f(x) = 2$

2 g_1 verläuft durch A(0 | 2) und B(6 | −2); $m = \frac{y_2 - y_1}{x_2 - x_1} = \frac{-2-2}{6-0} = \frac{-4}{6} = -\frac{2}{3}$; $A \Rightarrow b = 2$
Funktionsgleichung: $y = -\frac{2}{3}x + 2$
g_2 verläuft durch A(−6 | −1) und B(4 | 6);
A: $-1 = m \cdot (-6) + b \Leftrightarrow b = -1 + 6m$ (I)
B: $6 = m \cdot 4 + b \Leftrightarrow b = 6 - 4m$ (II)
$-1 + 6m = 6 - 4m \Leftrightarrow -1 + 10m = 6 \Leftrightarrow 10m = 7 \Leftrightarrow m = 0{,}7$;
m in (I): $b = -1 + 6 \cdot 0{,}7 \Leftrightarrow b = 3{,}2$; Funktionsgleichung: $y = 0{,}7x + 3{,}2$

3 a) A(0 | 2) und
B(0 + 1 | 2 − 2) = (1 | 0)
b) A(0 | −2) und
B(0 + 1 | −2 + 2) = (1 | 0)
c) A(0 | 0) und B(2 | 1)
d) A(0 | −1) und B(0 + 2 | −1 − 1) =
(2 | −2)

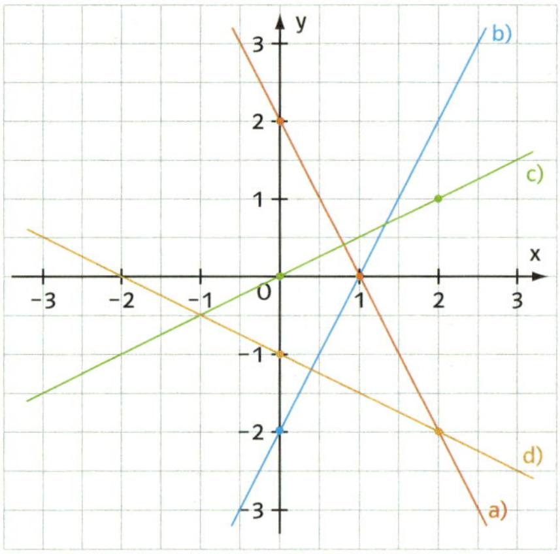

4 Füllzeit: x(h); Füllvolumen: y(ℓ); Ansatz: $y = mx + b$; $m = 50\frac{\ell}{\text{min}} = 50\frac{60 \cdot \ell}{60 \cdot \text{min}} = 3000\frac{\ell}{\text{h}}$;
Füllvolumen: $a \cdot b \cdot c = 6\,\text{m} \cdot 4\,\text{m} \cdot 1{,}6\,\text{m} = 38{,}4\,\text{m}^3 = 38\,400\,\ell$; Zielpunkt $A\left(11\frac{1}{6}\text{h} \,|\, 38\,400\,\ell\right)$
A: $38\,400\,\ell = 3000\frac{\ell}{\text{h}} \cdot 11\frac{1}{6}\text{h} + b \Leftrightarrow 38\,400\,\ell = 33\,500\,\ell + b \Leftrightarrow b = 4900\,\ell$; $y = 3000\frac{\ell}{\text{h}} \cdot x + 4900\,\ell$
Anfänglicher Wasserstand: $h \cdot 6\,\text{m} \cdot 4\,\text{m} = 4{,}9\,\text{m}^3 \Leftrightarrow h = 4{,}9\,\text{m}^3 : 24\,\text{m}^2$
$\Leftrightarrow h = 0{,}204\,\text{m} = $ **20,4 cm**.

20 – 16 Punkte	15 – 10 Punkte	unter 10 Punkte
sehr gut bis gut	befriedigend bis ausreichend	nicht mehr ausreichend

Kapitel 7: Dreiecke und ihre Eigenschaften

Aufgaben

1 a) $\gamma = 180° - (54° + 39°) = 87°$ b) $\alpha = 2 \cdot 48° = 96°$; $\beta = 180° - (96° + 48°) = 36°$ Seite 66
c) $\alpha + \beta + \gamma = 180° \Leftrightarrow 0{,}75\gamma + \beta + 2\beta = 180° \Leftrightarrow 0{,}75 \cdot (2\beta) + \beta + 2\beta = 180° \Leftrightarrow 4{,}5\beta = 180°$
$\Rightarrow \beta = 40°$; $\gamma = 80°$; $\alpha = 60°$

2 a) ① $\gamma_1 = 180° - (\alpha_1 + \beta) = 180° - (32° + 78°) = 70°$ ② $\gamma_2 = \gamma - \gamma_1 = 80° - 70° = 10°$ Seite 67
③ $\alpha_2 = 180° - (\delta + \gamma_2) = 180° - (124° + 10°) = 46°$ ④ $\alpha = \alpha_1 + \alpha_2 = 32° + 46° = 78°$
⑤ $\alpha + \beta + \gamma + \delta = 78° + 78° + 80° + 124° = 360°$
b) Jedes Viereck kann durch eine Diagonale in zwei Dreiecke zerlegt werden, für die jeweils die Innenwinkelsumme 180° beträgt. Dann folgt mit der Bezeichnungsweise aus Teil a):
$(\alpha_1 + \beta + \gamma_1) + (\alpha_2 + \gamma_2 + \delta) = 180° + 180° \Leftrightarrow (\alpha_1 + \alpha_2) + \beta + (\gamma_1 + \gamma_2) + \delta = 360°$
$\Leftrightarrow \alpha + \beta + \gamma + \delta = 360°$

3 a) BSA; DSC b) ABC; BCD; CDA; DAB c) CSB; ASD

4 a) (w) b) (f) c) (f) d) (w) e) (f) Seite 68

5 a) $\gamma = \beta = 62°$; $\alpha = 180° - (62° + 62°) = 56°$
b) $\gamma > 90°$ ist kein Basiswinkel; $\alpha = \beta = \frac{1}{2} \cdot (180° - 92°) = 44°$
c) α ist kein Basiswinkel; $\beta = \gamma = \frac{1}{2} \cdot (180° - 76°) = 52°$

6 Carlas Aussage stimmt: Man kann jeden der drei Eckpunkte A, B und C mit dem Kreismittelpunkt M verbinden. Diese drei Verbindungslinien sind als Radien gleich lang ($r = |AM| = |BM| = |CM|$) und gleichzeitig die Schenkel der drei gleichschenkligen Dreiecke ABM, BCM und CAM.

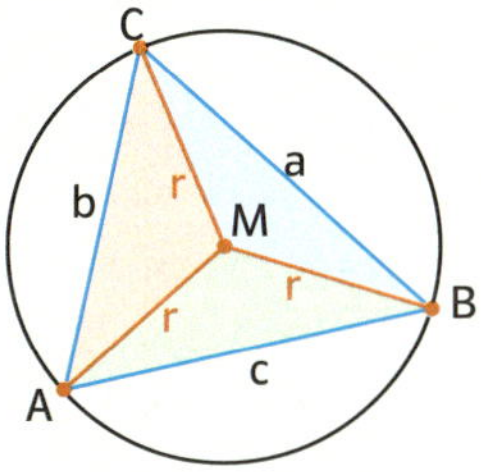

7 Das Geodreieck ist ein rechtwinklig-gleichschenkliges Dreieck. Während die 90°-Hilfslinie als Mittelsenkrechte zur Linealkante (Hypotenuse) verläuft, sind die 45°-Hilfslinien die Mittelsenkrechten der beiden Schenkel (Katheten). Diese drei Linien schneiden sich auf der Mitte der Linealkante. Seite 69

8 ① Die Kreisbögen K_A und K_C vom gleichen Radius schneiden sich in den Punkten P und Q, durch die die Mittelsenkrechte m_b verläuft.
② Ebenso konstruiert man mindestens eine weitere Mittelsenkrechte, sodass sich der Schnittpunkt M (4 | 4,2) ergibt.

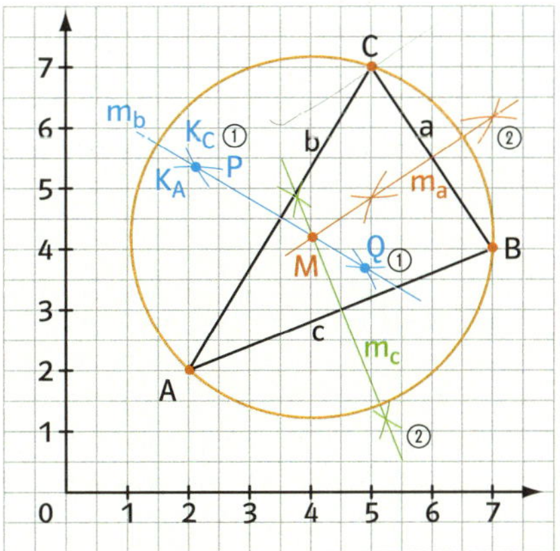

Seite 70

9 ① Die Kreisbögen K_A und K_C vom gleichen Radius um A und C schneiden sich in den Punkten P und Q. Hierdurch verläuft die Mittelsenkrechte m_b, die die Seite b in ihrem Mittelpunkt M_b schneidet. Die Seitenhalbierende s_b verläuft von M_b nach B.
② Ebenso konstruiert man mindestens eine weitere Seitenhalbierende, sodass sich der Schnittpunkt S (0,7 | 0,3) ergibt.

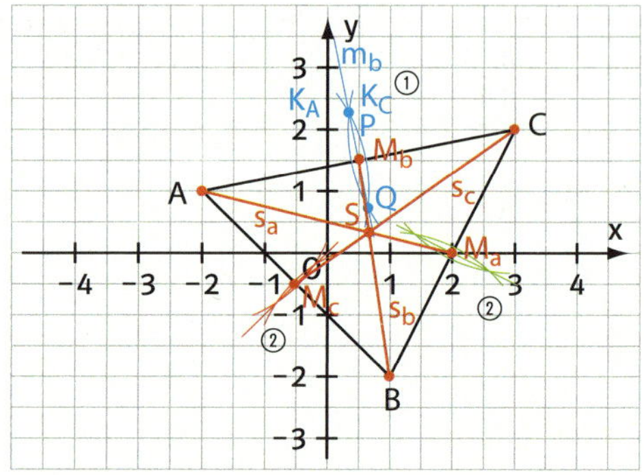

Seite 72 10 ① Die Kreisbögen K_C schneiden die Dreieckseite c in den Punkten P und Q. Die Kreisbögen K_P und K_Q vom gleichen Radius um P und Q schneiden sich im Punkt R. Durch C und R verläuft das Lot zu c, auf dem die Höhe $h_c = \overline{CF_c}$ liegt.
② Ebenso konstruiert man mindestens eine weitere Höhe, sodass sich der Schnittpunkt H (−0,6 | 0,6) ergibt.

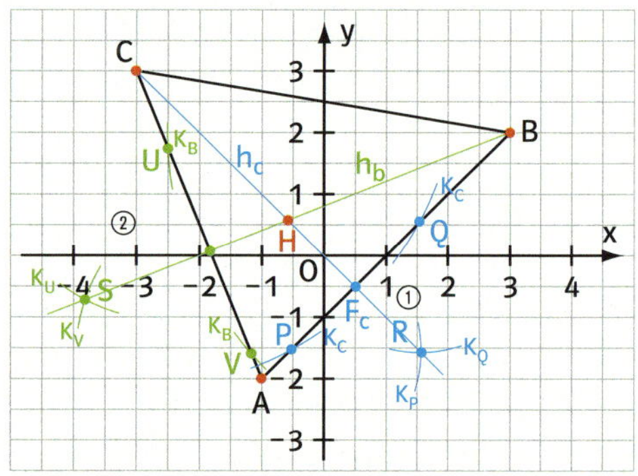

11 a) $A = \frac{1}{2} b \cdot h_b = \frac{1}{2} \cdot 17{,}4\,\text{cm} \cdot 22{,}3\,\text{cm} = 194{,}01\,\text{cm}^2 \approx 1{,}94\,\text{dm}^2$

b) $A = \frac{1}{2} a \cdot h_a \Leftrightarrow h_a = 2 \cdot \frac{A}{a} = 2 \cdot \frac{82\,\text{dm}^2}{41\,\text{dm}} = 4\,\text{dm} = 0{,}4\,\text{m}$

c) $\frac{1}{2} b \cdot h_b = \frac{1}{2} c \cdot h_c \Leftrightarrow h_c = \frac{b}{c} \cdot h_b = \frac{16\,\text{cm}}{10\,\text{cm}} \cdot 8\,\text{cm} = 12{,}8\,\text{cm}$

12 Die beiden folgenden Dreiecke sind rechtwinklig und besitzen den Flächeninhalt:
Dreieck AFC: $A_1 = \frac{1}{2}(c + x) \cdot h_c$; Dreieck BFC: $A_2 = \frac{1}{2} x \cdot h_c$
Der gesuchte Flächeninhalt A des Dreiecks ABC ergibt sich nun als Differenz von A_1 und A_2 und führt auf die bekannte Formel:

$$A = A_1 - A_2 = \frac{1}{2}(c + x) \cdot h_c - \frac{1}{2} x \cdot h_c = \frac{1}{2} c \cdot h_c + \frac{1}{2} x \cdot h_c - \frac{1}{2} x \cdot h_c$$
$$= \frac{1}{2} c \cdot h_c$$

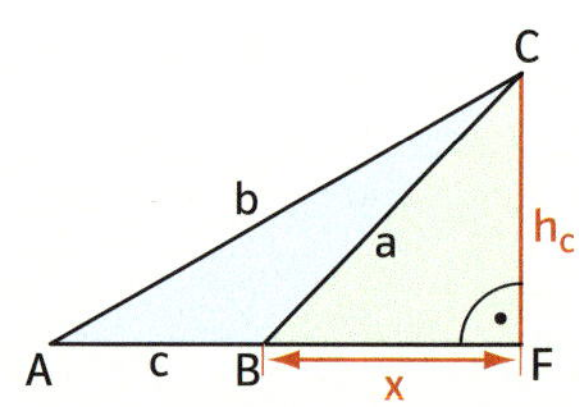

Seite 73 13 ① Die Winkelhalbierende w_γ stimmt mit der 90°-Hilfslinie, d.h., mit der Symmetrieachse überein.
② Mindestens eine weitere Winkelhalbierende ist zu konstruieren und liefert den Schnittpunkt W.
③ Im Fußpunkt W_γ berührt der Inkreis aus Symmetriegründen die Seite $\overline{AB}$, sodass der Inkreisradius $r = |WW_\gamma|$ beträgt.

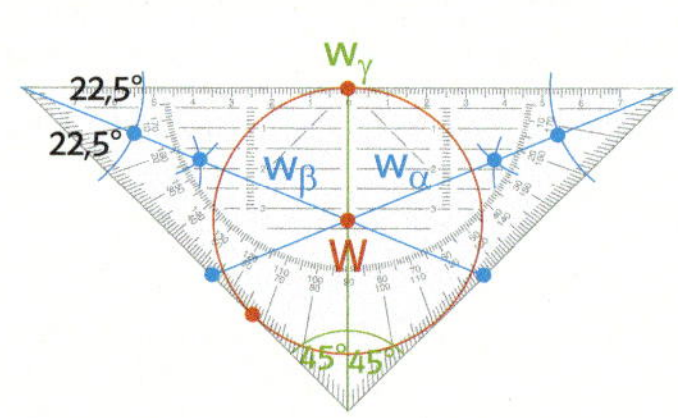

14 ① Wegen der besonderen Symmetrie gleichseitiger Dreiecke sind die Winkelhalbierenden zugleich auch Seitenhalbierende, Höhen und Mittelsenkrechte.
② Der Schnittpunkt P ist also zugleich der gemeinsame Schnittpunkt der Winkelhalbierenden (Inkreis), als auch der Höhen (Umkreis).
③ Weil sich zwei Seitenhalbierende stets im Verhältnis 2 : 1 teilen, tun dies hier auch die Winkelhalbierenden, und es gilt z. B.:
$r_u = \overline{PC} = 2 \cdot \overline{PZ} = 2 \cdot r_i$, also auch: $r_u = 2 \cdot r_i \Leftrightarrow r_u : r_i = 2 : 1$.

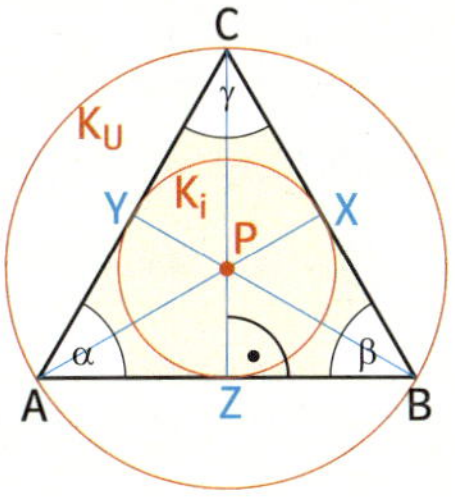

Training plus

Seite 74

61 In einem Dreieck beträgt die Summe der Innenwinkel stets 180°: $\alpha + \beta + \gamma = 180°$

62 Falls alle Innenwinkel kleiner als 90° sind, so ist das Dreieck **spitzwinklig**, ist einer der Innenwinkel größer als 90°, so ist das Dreieck **stumpfwinklig**.

63 Es handelt sich um ein **gleichschenkliges Dreieck**. Die Innenwinkel nennt man auch **Basiswinkel**.

64 **gleichseitiges Dreieck**

65 Das Geodreieck ist gleichschenklig-rechtwinklig.

66 Der Schnittpunkt der drei Mittelsenkrechten ist auch der Mittelpunkt des Umkreises.

67 Der Schwerpunkt eines Dreiecks entspricht dem Schnittpunkt der drei Seitenhalbierenden.

68 Es liegt ein stumpfwinkliges Dreieck mit einem stumpfen Winkel bei α oder β vor.

69 $A = \frac{1}{2} a \cdot h_a$ oder $A = \frac{1}{2} b \cdot h_b$ oder $A = \frac{1}{2} c \cdot h_c$ bzw. $A = \frac{g \cdot h}{2}$

70 Der Inkreismittelpunkt ergibt sich als gemeinsamer Schnittpunkt der drei Winkelhalbierenden.

71 Der Inkreisradius ergibt sich als Schnittpunkt einer Dreiecksseite mit der Lotlinie auf diese Seite vom Mittelpunkt aus.

Abschlusstest

Seite 75

1 a) $\beta = 40° : 2 = 20°$; $\gamma = 180° - (\alpha + \beta) = 180° - (40° + 20°) = 120°$
b) $\beta = \frac{3}{2}\alpha$; $\gamma = \frac{3}{4}\alpha$; $\alpha + \frac{3}{2}\alpha + \frac{3}{4}\alpha = 180° \Leftrightarrow \frac{13}{4}\alpha = 180° \Leftrightarrow \alpha \approx 55{,}4°$; $\beta \approx 83{,}1°$; $\gamma \approx 41{,}5°$

2 Es gilt: $\alpha' = 180° - \alpha$, $\beta' = 180° - \beta$ und $\gamma' = 180° - \gamma$. Damit folgt:
$\alpha' + \beta' + \gamma' = (180° - \alpha) + (180° - \beta) + (180° - \gamma) = 3 \cdot 180° - (\alpha + \beta + \gamma) = 540° - 180° = 360°$

3 ① Der Kreisbogen K_A um A schneidet die Seiten b und c in den Punkten P und Q. Die Kreisbögen K_P und K_Q mit gleichem Radius schneiden sich im Punkt R, der zusammen mit A die Winkelhalbierende w_α festlegt.
② Ebenso konstruiert man die Winkelhalbierenden w_β und w_γ. Die drei Winkelhalbierenden schneiden sich im Punkt W, dem Mittelpunkt des Inkreises.
③ Durch Abzählen der Kästchen erkennt man, dass das Dreieck gleichschenklig ist: $|AB| = |AC|$. w_α trifft im Punkt W_α also senkrecht auf die Seite a.
Der Inkreisradius ist $r_i = |WW_\alpha|$.

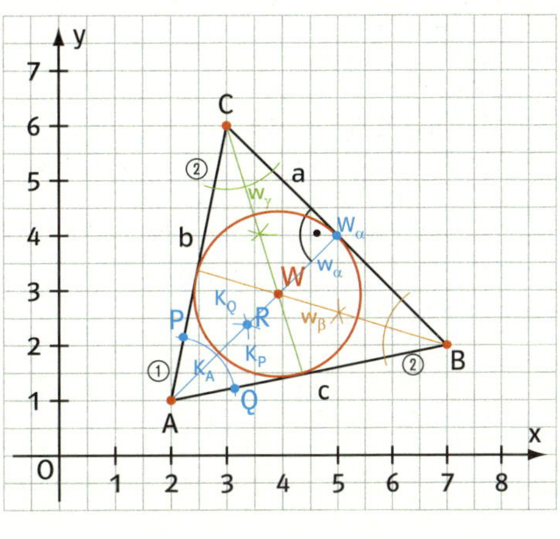

4 Flächeninhalt: $A = \frac{1}{2} c \cdot h_c = \frac{1}{2} \cdot 5\,cm \cdot 8\,cm = 20\,cm^2$
Höhe: $\frac{1}{2} c \cdot h_c = \frac{1}{2} a \cdot h_a \Rightarrow h_a = \frac{c}{a} \cdot h_c = \frac{c}{b} \cdot h_c = \frac{5\,cm}{1{,}68 \cdot 5\,cm} \cdot 8\,cm \approx 4{,}8\,cm$

5 Jede Höhe stimmt mit einer Seitenhalbierenden und einer Winkelhalbierenden überein und liegt auf einer Mittelsenkrechten.

20 – 16 Punkte	15 – 10 Punkte	unter 9 Punkte
sehr gut bis gut	befriedigend bis ausreichend	nicht mehr ausreichend

Kapitel 8: Geraden und Winkel am Kreis

Seite 76

1 a) ① Der Kreisbogen K_P um P vom Radius r schneidet K in den Punkten A und B.
② Die Sekanten s_1 durch P und A, bzw. s_2 durch P und B enthalten jeweils eine Sehne der Länge $r = |PA| = |PB|$.
b) ③ Die Sekante s_3 muss durch P und M verlaufen, damit die Sehne $\overline{PC}$ die Länge eines Durchmessers hat.

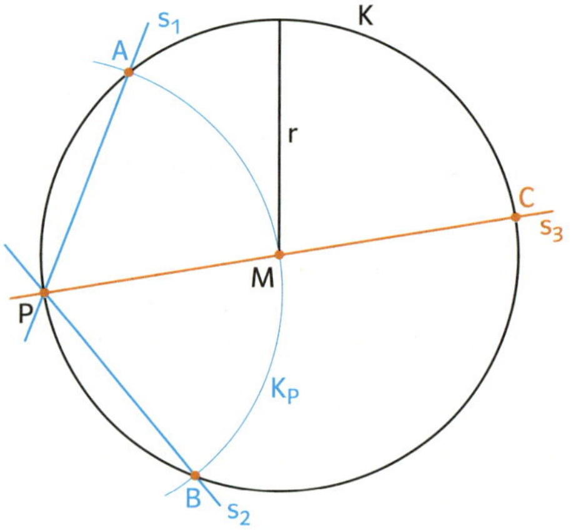

A2 ① Zeichne von M aus die (Halb-)Gerade g durch T.
② Der Kreisbogen K_T um T vom Radius r schneidet g im Punkt N und es gilt: $|NT| = |TM|$.
③ Die Kreisbögen K_M und K_N vom gleichen Radius um M und N schneiden sich in den Punkten A und B.
④ Die Tangente t durch A und B entspricht der Mittelsenkrechten der Strecke $\overline{MN}$, die durch T halbiert wird.

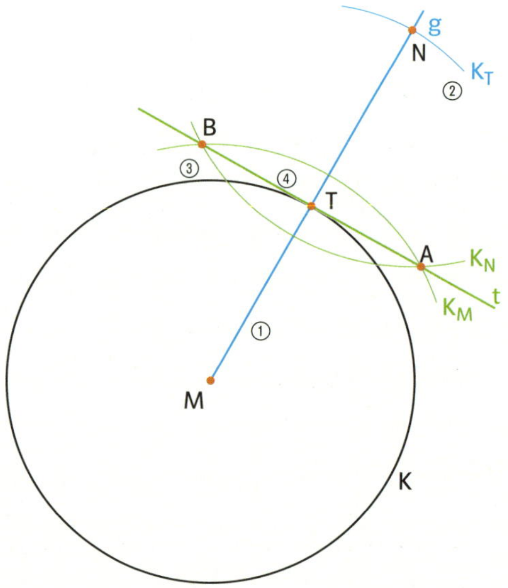

Seite 77

3 Siehe (verkleinerte) Abbildung rechts.
$P_1(-2\,|\approx$ **1,8**$)$
$B(\approx$ **0,9** $|\approx$ **−3,3**$)$
$\alpha =$ **130°**
$\alpha = 130° = 2 \cdot 65° = 2\beta$; nach **Mittelpunktswinkelsatz** gilt stets $\alpha =$ **2β**.
$P_2(\approx$ **0,3** $|\approx$ **1,7**$)$
$\sphericalangle BAP_2 = \frac{1}{2}(180° - 65°) =$ **57,5°**
$P_3(\approx$ **−2,3** $|\approx$ **−3,7**$)$
$\sphericalangle BAP_3 = \frac{1}{2}(180° - 115°) =$ **32,5°**

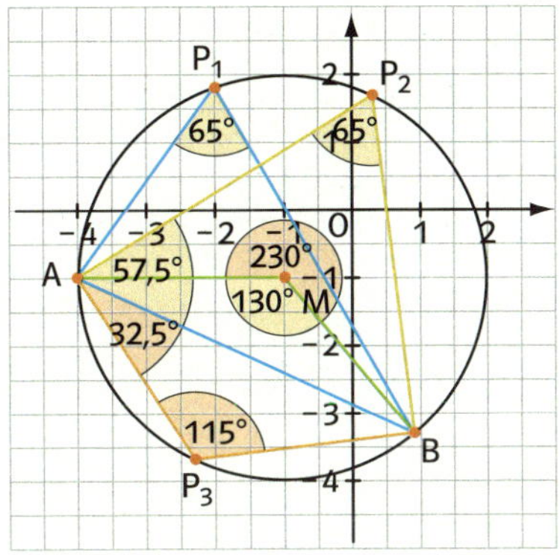

Seite 78

4 a) Wenn der Punkt C auf dem Thaleskreis der Strecke $\overline{AB}$ liegt, dann **besitzt das Dreieck ABC am Eckpunkt C den rechten Winkel $\gamma = 90°$**.
b) Wenn das Dreieck ABC am Eckpunkt C den rechten Winkel $\gamma = 90°$ aufweist, dann **liegt der Eckpunkt C auf dem Thaleskreis der Strecke $\overline{AB}$**.

5 $\gamma_1 = \alpha =$ **35°**; Basiswinkel im Dreieck AMC; $\delta_1 = 180° - (\alpha + \gamma_1) =$ **110°**; Innenwinkelsumme
$\gamma_2 = 90° - \gamma_1 =$ **55°**; Thalessatz; $\beta = \gamma_2 =$ **55°**; Basiswinkel im Dreieck MBC
$\delta_2 = 180° - \delta_1 =$ **70°**; Nebenwinkel

Seite 78/79

6 a) ① Die Kreisbögen K_A und K_B vom gleichen Radius schneiden sich in den Punkten P und Q, durch die die Mittelsenkrechte m verläuft und den Mittelpunkt M der Strecke $\overline{AB}$ festlegt.
② K′ ist der Thaleskreis der Strecke $\overline{AB}$ um M. Er schneidet s im gesuchten Punkt C.
b) ③ Man verfährt zunächst genauso wie in Teil a), jedoch verlängert man dann die Mittelsenkrechte über P hinaus, bis sie den Thaleskreis K′ in C′ schneidet. C′ ist dann der Eckpunkt des gleichschenklig-rechtwinkligen Dreiecks ABC′.

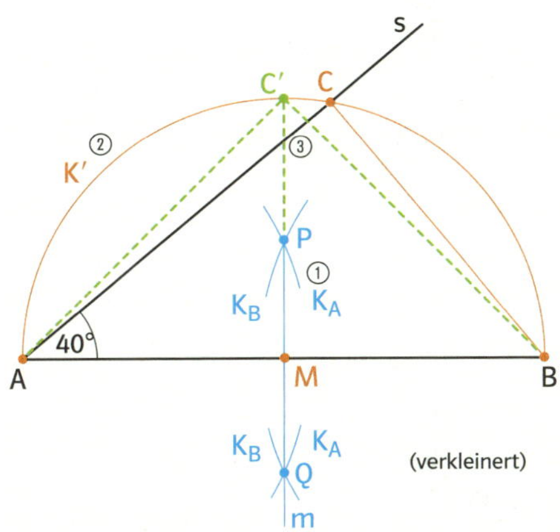

Seite 79

7 ① Die Kreisbögem K_M und K_P vom gleichen Radius schneiden sich in den Punkten A und B, durch die die Mittelsenkrechte m verläuft und den Mittelpunkt M′ der Strecke $\overline{MP}$ festlegt.
② K′ ist der Thaleskreis der Strecke $\overline{MP}$. Er schneidet K in den Berührpunkten T_1 und T_2, durch die die gesuchten Tangenten t_1 und t_2 von P aus verlaufen.

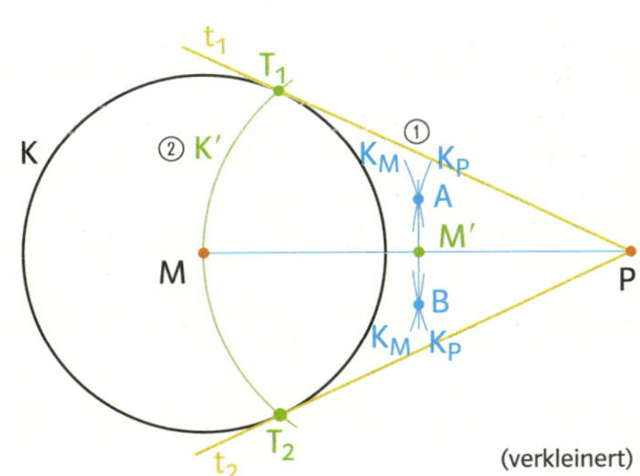

(verkleinert)

Seite 80

Training plus

72 a) Sekante b) Tangente c) Passante

73 Ein Berührradius verläuft vom Kreismittelpunkt aus senkrecht zum Berührpunkt einer Tangente.

74 Dann ist die zugehörige Sehne **ein Kreisdurchmesser**.

75 Umfangswinkel

76 Alle zu einer bestimmten Sekante gehörenden Umfangswinkel sind gleich groß.

77 Der Mittelpunktswinkel ist stets doppelt so groß wie der Umfangswinkel (Mittelpunktswinkelsatz).

78 Der Mittelpunkt von K* ist auch der Mittelpunkt der Strecke $\overline{AB}$. Außerdem liegen die Punkte A und B auf K*.

79 Wenn C auf dem Thaleskreis der Strecke $\overline{AB}$ liegt, ist ∢ ACB ein rechter Winkel.

80 a) ein spitzer Winkel, wenn **C außerhalb des Thaleskreises von $\overline{AB}$ liegt.**
b) ein rechter Winkel, wenn **C auf dem Thaleskreis von $\overline{AB}$ liegt.**
c) ein stumpfer Winkel, wenn **C innerhalb des Thaleskreises von $\overline{AB}$ liegt.**

Seite 81

Abschlusstest

1 a) $\beta_1 = \frac{\alpha}{2} = 63{,}5°$; $\beta_2 = \beta_1 = 63{,}5°$ b) $\alpha = 2\beta_1 = 152°$; $\beta_2 = \beta_1 = 76°$
c) $\alpha = 2\beta_2 = 26°$; $\beta_1 = \beta_2 = 13°$

2 a) ① Die Kreisbögen K_M und K_P vom gleichen Radius schneiden sich in den Punkten A und B, durch die die Mittelsenkrechte m verläuft und den Mittelpunkt M′ der Strecke $\overline{MP}$ festlegt.
② K′ ist der Thaleskreis der Strecke $\overline{MP}$. Er schneidet K in den Berührpunkten T_1 und T_2, durch die die gesuchten Tangenten t_1 und t_2 von P aus verlaufen.

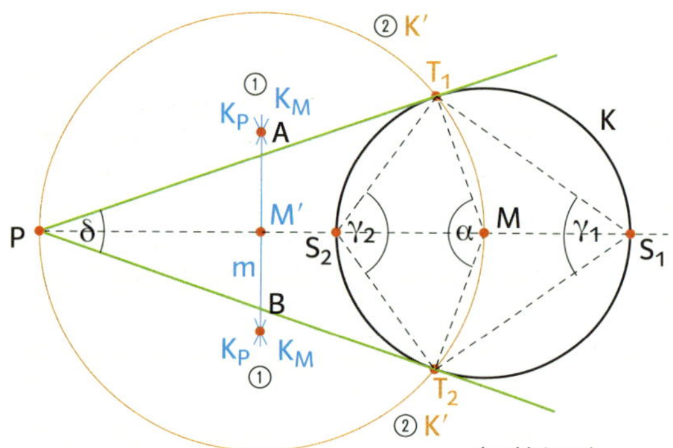

(verkleinert)

b) $\delta = 40°$; Innenwinkelsumme im Viereck PT_1MT_2:
$\alpha = 360° - 2 \cdot 90° - 40° = 140°$
c) $\gamma_1 = \frac{\alpha}{2} = 70°$; Innenwinkelsumme im Viereck $S_1T_1S_2T_2$:
$\gamma_2 = 360° - 2 \cdot 90° - \gamma_1 = 110°$ (K ist Thaleskreis zu $\overline{S_1S_2}$, daher ∢ $S_1T_1S_2$ = ∢ $S_1T_2S_2 = 90°$)

3 ① Der Kreisbogen K_A mit dem Radius $r = \overline{AM}$ um einen beliebigen Punkt A auf K schneidet K im Punkt B.
② Die Halbgerade s_1 von B durch M schneidet K im Punkt C. K ist Thaleskreis von $\overline{BC}$, daher gilt ∢ BAC = 90° und nachfolgend auch ∢ CDB = 90°.
③ Die Halbgerade s_2 von A durch M schneidet K im Punkt D. K ist Thaleskreis von $\overline{AD}$, daher gilt ∢ ACD = 90° und ∢ DBA = 90°.

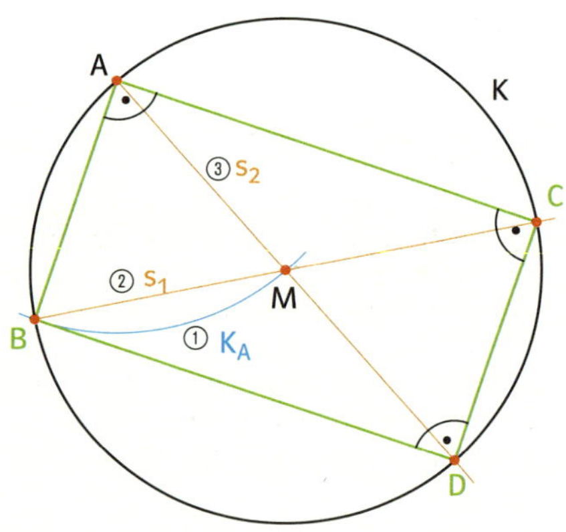

25 – 20 Punkte	19 – 13 Punkte	unter 13 Punkte
sehr gut bis gut	befriedigend bis ausreichend	nicht mehr ausreichend

Kapitel 9: Konstruktion von Dreiecken

Aufgaben

Seite 83

1 a) (in der Zeichnung blau) Errichte auf den Strecken $\overline{BB'}$ und $\overline{CC'}$ die Mittelsenkrechten, durch die die Streckenmittelpunkte M_b und M_c festgelegt werden. Die gesuchte Spiegelachse a verläuft durch M_b und M_c.

b) (in der Zeichnung orangefarben) Errichte von A aus das Lot ℓ auf die Spiegelachse a:
① Hierzu schneidet ein Kreis um A die Achse a in den Punkten P und Q.
② Zwei Kreise vom gleichen Radius um P und Q schneiden sich im Punkt R.
③ Das Lot ℓ verläuft von A aus durch R.
④ Durch einen Kreis mit Radius $\overline{AM_a}$ um den Achsenschnittpunkt M_a wird der dritte Eckpunkt A′ auf ℓ festgelegt.

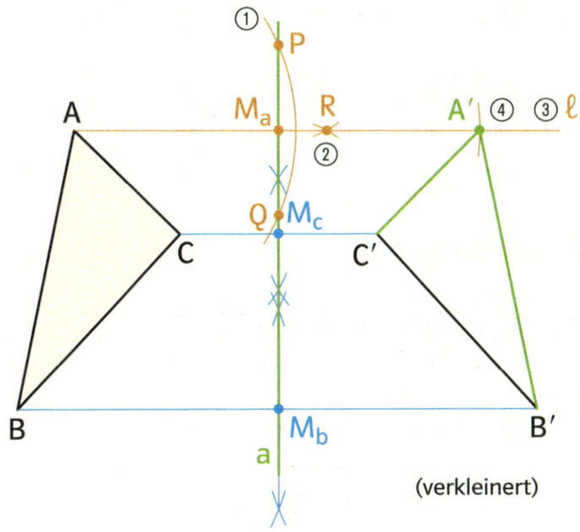

(verkleinert)

2 ① Errichte die Mittelsenkrechte m_b auf der Strecke $\overline{BB'}$ und die Mittelsenkrechte m_c auf $\overline{CC'}$. m_b und m_c schneiden sich im Drehzentrum Z.
② Die Strecken $\overline{ZC}$ und $\overline{ZC'}$ schließen den Drehwinkel $\varphi = 86°$ ein (abmessen).
③ Trage die Halbgerade s von Z aus gegen die Strecke $\overline{ZA}$ unter dem Drehwinkel $\varphi = 86°$ ab.
④ Der Kreisbogen K_Z um Z mit dem Radius $r = \overline{ZA}$ legt auf s den Bildpunkt A′ fest.

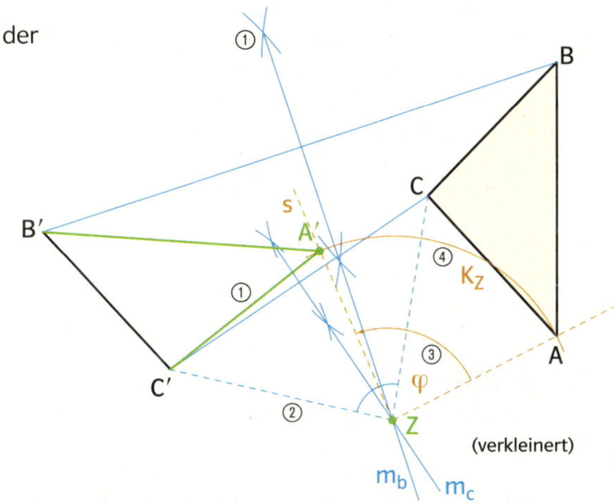

(verkleinert)

Seite 84

3 a) $a + b = 7\,cm > 5\,cm = c$,
$b + c = 9\,cm > 3\,cm = a$,
$c + a = 8\,cm > 4\,cm = b$ → **konstruierbar**

b) $a + b = 11\,cm > 4\,cm = c$; $b + c = 12\,cm > 3\,cm = a$; $c + a = 7\,cm < 8\,cm = b$
→ **nicht konstruierbar**

c) $a + b = 15\,cm > 7\,cm = c$; $b + c = 11\,cm = a$; $c + a = 18\,cm > 4\,cm = b$
→ **nicht konstruierbar**

4 a) Dreiecksungleichungen:
$a + b = 8{,}5\,cm > 4{,}5\,cm = c$ ✓
$b + c = 7\,cm > 6\,cm = a$ ✓
$c + a = 10{,}5\,cm > 2{,}5\,cm = b$ ✓
Das Dreieck ist konstruierbar.
Konstruktionsbeschreibung:
① Zeichne die Grundseite $c = \overline{AB} = 4{,}5\,cm$.
② Zeichne einen Kreisbogen K_A um den Punkt A vom Radius $r = b = 2{,}5\,cm$.
③ Zeichne einen Kreisbogen K_B um den Punkt B vom Radius $r = a = 6\,cm$.
K_A und K_B schneiden sich im dritten Eckpunkt C.

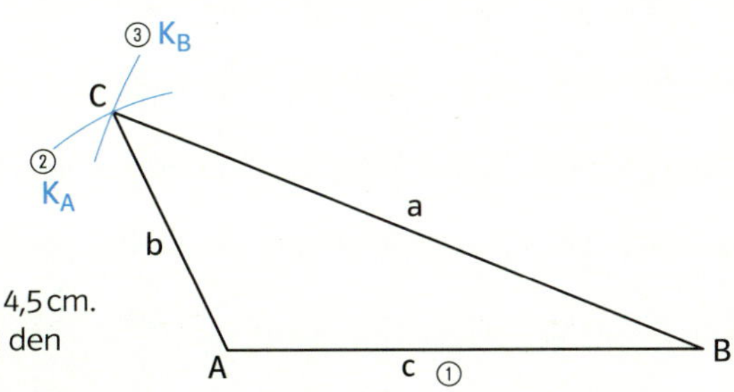

b) Dreiecksungleichungen: $a + b = 13{,}8\,cm > 3{,}3\,cm = c$ ✓; $b + c = 11{,}9\,cm > 5{,}2\,cm = a$ ✓;
$c + a = 8{,}5\,cm < 8{,}6\,cm = b$ → **Das Dreieck ist nicht konstruierbar.**

Seite 85

5 Die Kreisbögen K_A und K_B vom gemeinsamen Radius $r = |AB|$ schneiden sich im Punkt C. Der Kreisbogen K_B wird nun so weit gezeichnet, bis er die Halbgerade von A über B hinaus in B′ trifft. Die Längengleichheit $|AB| = |BB'|$ besagt nun, dass B der Mittelpunkt der Strecke $\overline{AB'}$ ist, und folglich ist K_B der zugehörige Thaleskreis. Daher ist der Winkel ∢ ACB′ ein rechter Winkel.

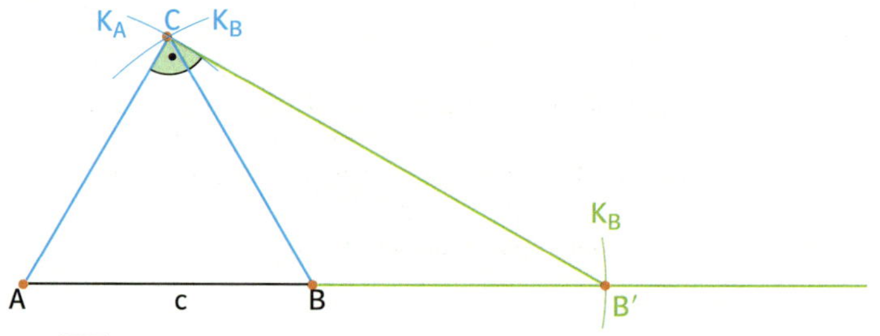

Seite 86

6 Führe die Konstruktion im Maßstab 1 cm ≙ 1 km, d.h. 1 : 100 000, durch.
① Zeichne die Grundseite $c = \overline{AB} = 6{,}3\,cm$.
② Trage in A an c den freien Schenkel s unter $\alpha = 63°$ ab.
③ Der Kreisbogen K_A um A vom Radius $r = b = 4{,}8\,cm$ schneidet s im Punkt C.
④ Verbinde die Punkte B und C und bestimme die Länge der Strecke $\overline{BC}$ zu $a = \overline{BC} = 5{,}9\,cm$.
Die Entfernung zwischen B- und C-Dorf beträgt 5,9 km.

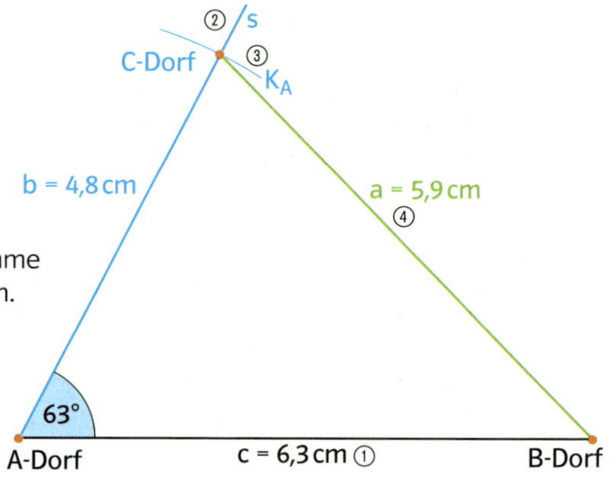

7 ① Zeichne die Grundseite $b = \overline{AC} = 6{,}8\,cm$.
② Trage in C an b den freien Schenkel s unter $\gamma = 114°$ ab.
③ Der Kreisbogen K_C um C vom Radius $r = a = b = 6{,}8\,cm$ schneidet s im Punkt B.
④ Die Strecke $\overline{AB}$ ist Basis des gleichschenkligen Dreiecks ABC und hat die ausgemessene Länge $c = 11{,}4\,cm$.

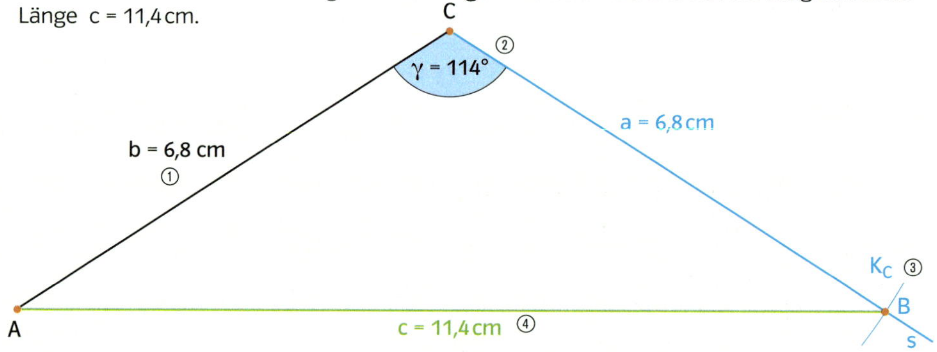

8 Aus der Abbildung liest man folgende Seitenrelationen ab: $b < a < c$. Daher führen gemäß dem Kongruenzsatz Ssw folgende Angaben eindeutig auf ein Dreieck: **Seite 87**
1. a, b, α 2. b, c, γ 3. c, a, γ

9 In Beispiel 4 auf Seite 86 zeigen die beiden unter 1. und 2. dargestellten Situationen, dass sich auch in dem (unwahrscheinlichen) Grenzfall, dass der freie Schenkel s gerade den Kreisbogen K_A berührt (tangiert), ein Dreieck eindeutig bestimmen lässt. Sind also die einschränkenden Bedingungen des Kongruenzsatzes Ssw nicht erfüllt, so heißt das nicht, dass ein eindeutiges Konstruktionsergebnis ausgeschlossen ist, es wird nur sehr unwahrscheinlich! Corinnas Behauptung stimmt nicht.

10 $1{,}5a = 6\,cm \Leftrightarrow a = 4\,cm$
① Zeichne die Grundseite $a = \overline{BC} = 4\,cm$.
② Trage in C an a den freien Schenkel s unter dem Winkel $\gamma = 75°$ ab.
③ Der Kreisbogen K_B um B vom Radius $r = c = 6\,cm$ schneidet s im Punkt A.
Ergänze die fehlende Dreieckseite c.
Durch Ausmessen bestimmt man:
$b = 5{,}7\,cm$, $\alpha = 40°$, $\beta = 65°$

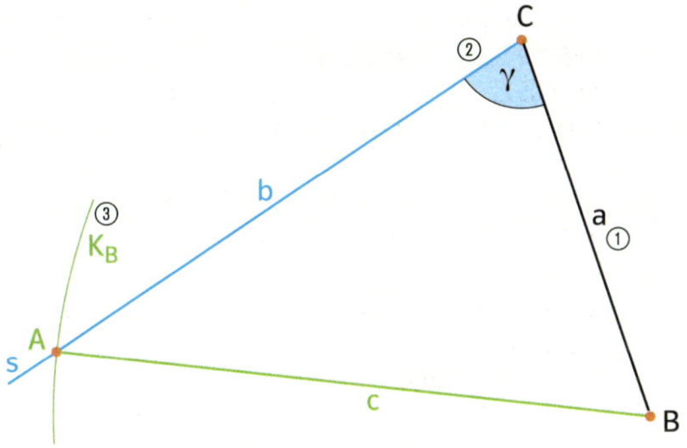

11 Maßstab z.B.: $1\,cm \triangleq 20\,m$ (1:2000).
① $\overline{FG} = 82\,m - 12\,m = 70\,m$ (3,5 cm) ist die Grundseite.
② Trage den freien Schenkel s in F an FG unter 90° ab.
③ Der Kreisbogen K_G um G vom Radius $r = 328\,\frac{m}{s} \cdot 0{,}61\,s = 200\,m$ (10 cm) schneidet s im Punkt B.
Durch Ausmessen erhält man die Distanz zu 9,4 cm, das entspricht 188 m.

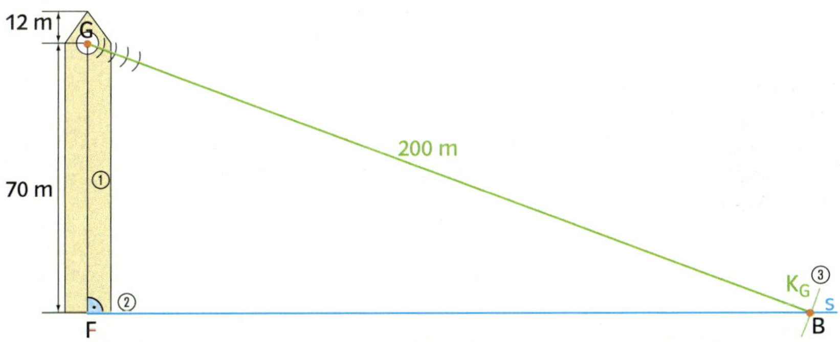

12 a) ① Zeichne die Grundseite $b = \overline{AC} = 4\,cm$. **Seite 88**
② Trage den freien Schenkel s_1 in A an b unter dem Winkel $\alpha = 35°$ ab.
③ Trage den freien Schenkel s_2 in C an b unter dem Winkel $\gamma = 110°$ ab.
④ s_1 und s_2 schneiden sich im gesuchten Punkt B.

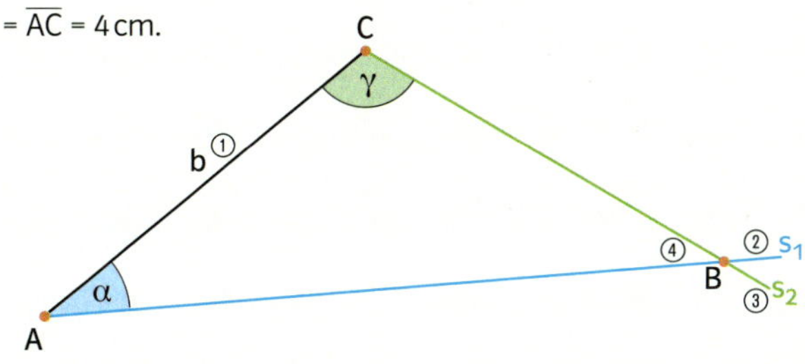

b) Hier liegt der Kongruenzfall sww vor. Der dritte Innenwinkel beträgt $\gamma = 180° - (\alpha + \beta) = 180° - (35° + 35°) = 110°$. Folglich ist die Lösung schon aus Teilaufgabe a) bekannt.

13 Maßstab z.B.: 1 cm ≙ 1 km (1 : 100 000)
① Zeichne die Grundseite c = $\overline{AB}$ = 4 km.
② Trage den freien Schenkel s_1 in A an c unter 54° ab.
③ Trage den freien Schenkel s_2 in B an c unter 180° - 138° = 42° ab.
④ s_1 und s_2 schneiden sich im Punkt C, der Position des zu ortenden Wracks.
⑤ Trage die Höhe h_c ein, sie legt auf c den Punkt P fest. Durch Ausmessen bestimmt man:
- zurückzufahrende Strecke: d = $\overline{BP}$ = 2,4 cm (2,4 km)
- Tiefe des Wracks: h_c = 2,2 cm (2,2 km)

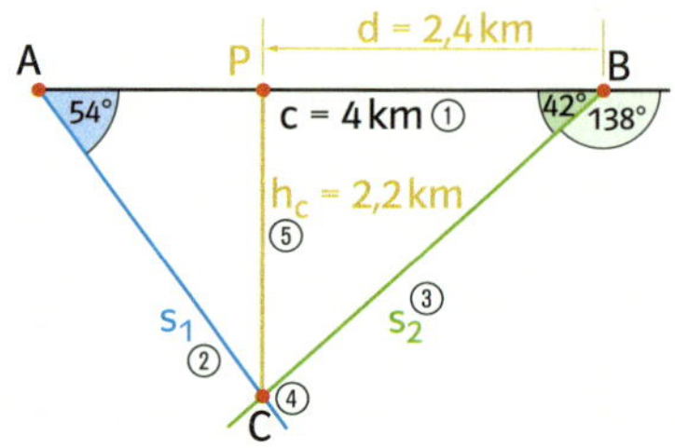

Seite 89 14 a) Planfigur:
① Die Seitenhalbierende s_c teilt das Dreieck ABC in die beiden Teildreiecke AM_cC und M_cBC.
② Im Teildreieck AM_cC sind die Seitenlängen $\frac{c}{2}$ und s_c, sowie der Winkel α bekannt, Ssw.
③ Auch im Teildreieck M_cBC sind die Seitenlängen $\frac{c}{2}$ und s_c bekannt. Der Winkel δ ist jetzt über den Nebenwinkel $\sphericalangle AM_cC$ bekannt, sws.

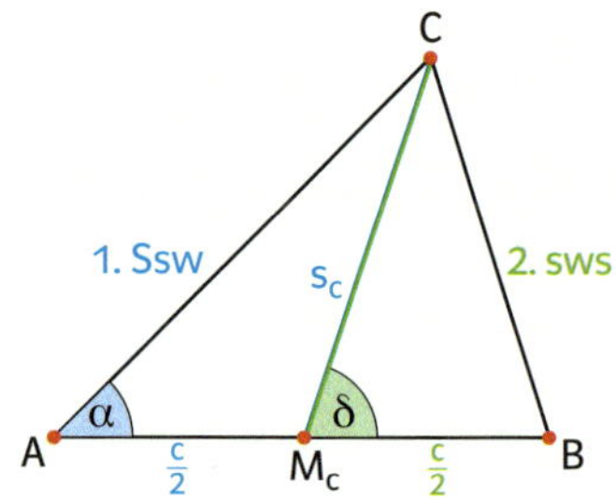

Konstruktion:
① Zeichne die Grundseite c = $\overline{AB}$ = 6 cm.
② Trage den freien Schenkel s in A an c unter 25° ab.
③ Errichte die Mittelsenkrechte auf c. Durch sie wird die Seitenmitte M_c festgelegt.
④ Der Kreisbogen K_{Mc} um M_c vom Radius s_c = 5 cm schneidet s im gesuchten Punkt C.

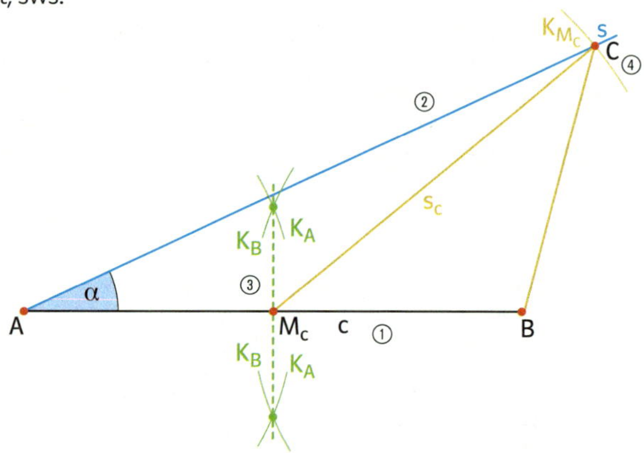

b) Planfigur:
① Die Höhe h_b teilt das Dreieck ABC in die beiden Teildreiecke ABH_b und BCH_b.
② Im Teildreieck ABH_b sind die Seitenlängen c und h_b, sowie der rechte Winkel an H_b bekannt, Ssw.
③ Im Teildreieck BCH_b sind die Seitenlängen a und h_b, sowie der rechte Winkel an H_b bekannt, Ssw.

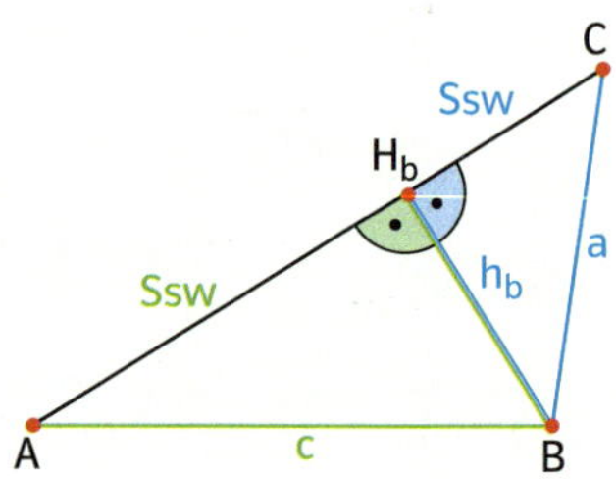

Konstruktion:

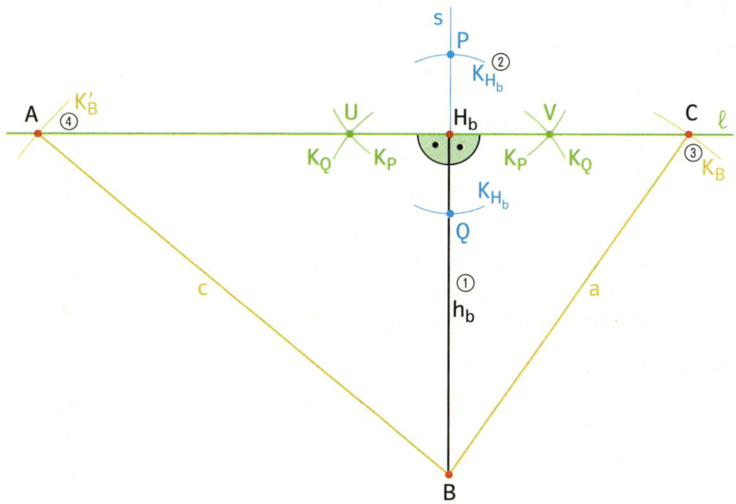

① Zeichne die Grundseite $h_b = \overline{BH_b} = 4{,}5\,cm$ und verlängere sie über H_b hinaus zur Halbgeraden s.

② Die Kreisbögen K_{H_b} legen auf s die Punkte P und Q fest, von denen aus das Lot ℓ zu h_b durch H_b konstruiert wird, das durch die Schnittpunkte U und V der Kreisbögen K_P und K_Q verläuft.

③ Der Kreisbogen K_B um B vom Radius $r = a = 5{,}5\,cm$ legt auf ℓ den Eckpunkt C fest.

④ Der Kreisbogen K'_B um B vom Radius $r = c = 7\,cm$ legt auf ℓ den Eckpunkt A fest.

Training plus

Seite 90

81 kongruent (= deckungsgleich).

82 Durch eine geeignete Kongruenzabbildung. Hierzu zählen: Verschiebungen, Achsen- und Punktspiegelungen, Drehungen, und jede Verknüpfung mehrerer dieser Abbildungen.

83 Im Kongruenzfall sss führt die Angabe dreier Seiten nur dann zu einem Dreieck, wenn die Summe zweier Seiten stets größer ist als die verbliebene dritte Seite.

84 a) **Ja**, denn $b + c = 8{,}1\,cm > 8\,cm = a$. b) **Nein**, denn $a + c = 12{,}6\,cm = b$.

85 Ssw steht für die Angabe zweier Dreieckseiten und desjenigen Winkels, der der größeren der beiden gegebenen Seiten gegenüberliegt. „S" steht für die größere Seite.

86 a) sws b) sss

87 Es geht um die Kongruenzsätze **wsw** und **ssw**. Mithilfe des Innenwinkelsummensatzes kann jeweils der fehlende dritte Innenwinkel berechnet werden, sodass dadurch jeder der beiden Kongruenzsätze zum jeweils anderen Satz gleichwertig wird.

88 Kongruenzsatz **wsw**. Wegen $\alpha + \beta = 130° + 65° > 180°$ ist das Dreieck nicht konstruierbar.

89 Diese Aussage ist falsch. - Folgende Argumente sprechen dagegen:
1. Im Fall sss müssen auch die Dreiecksungleichungen erfüllt sein.
2. Im Fall Ssw muss der Winkel der längeren Seite gegenüberliegen.
3. Einen Kongruenzsatz „www" gibt es nicht, denn drei Winkel liefern kein eindeutiges Dreieck!

90 Es muss geprüft werden, ob sich aus den vorliegenden Angaben für jedes der beiden Teildreiecke ein Kongruenzsatz begründen lässt. Ist das der Fall, so ist auch das (gesamte) Dreieck eindeutig bestimmt.

Seite 91

Abschlusstest

1
1. sss: a, b, c; die Dreiecksungleichungen müssen erfüllt sein: $a + b > c$, $b + c > a$ und $c + a > b$.
2. sws: a, b, γ
3. Ssw: a, b, α; Bedingung: $a > b$
4. Ssw: a, b, β; Bedingung: $b > a$

2 γ liegt der längeren Seite $c > b$ gegenüber (Kongruenzsatz Ssw)
① Zeichne die Grundseite $b = \overline{AC} = 4\,cm$.
② Trage den freien Schenkel s in C an b unter $\gamma = 80°$ ab.
③ Der Kreisbogen K_A um A vom Radius $r = c = 5{,}5\,cm$ schneidet s im gesuchten Punkt B.

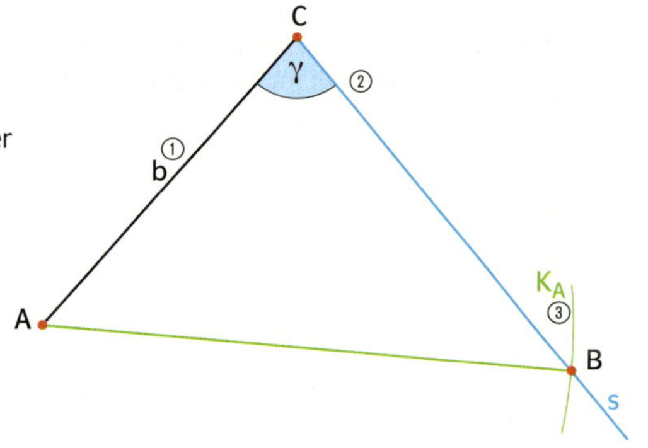

3 Es liegt der Kongruenzfall sws vor. Die Konstruktion erfolgt im Maßstab 500 : 1 (500 m ≙ 1 cm).
① Zeichne die Grundseite $c = \overline{AB} = 3\,cm$ (1,5 km).
② Trage den freien Schenkel s in A an c unter $\alpha = 32°$ ab.
③ Der Kreisbogen K_A um A vom Radius $r = b = 2{,}4\,cm$ (1,2 km) schneidet s im gesuchten Punkt C.
Die Länge der Seite a wird zu 1,6 cm ausgemessen, das entspricht einer Brückenlänge von 800 m.

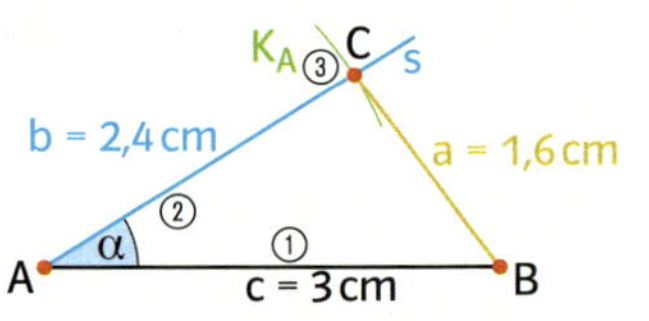

4 a) ① Die Seitenhalbierende s_c teilt das Dreieck ABC in die beiden Teildreiecke AM_cC und M_cBC.
② Im Dreieck AM_cC sind die Seitenlängen $\frac{c}{2}$ und s_c, sowie der Winkel α bekannt. Ssw
③ Auch im Dreieck M_cBC sind die Seitenlängen $\frac{c}{2}$ und s_c bekannt. Der Winkel δ ist jetzt über den Nebenwinkel $\sphericalangle AM_cC$ bekannt. sws
④ Weil beide Teildreiecke eindeutig festgelegt sind, ist auch das Gesamtdreieck ABC eindeutig bestimmt.

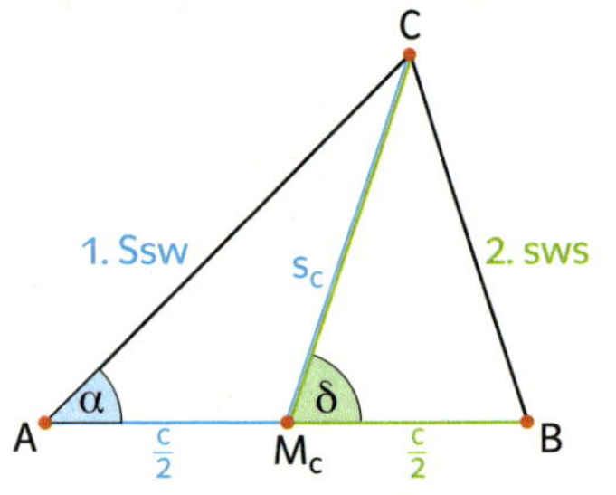

b) ① Die Verbindungsstrecke $\overline{M_aM_b}$ führt auf das Teildreieck M_bM_aC des Dreiecks ABC.
② Im Teildreieck M_bM_aC sind die Seitenlängen $\frac{a}{2}, \frac{b}{2}$ und $\overline{M_aM_b}$ bekannt. sss
③ Im Gesamtdreieck ABC sind die Seitenlängen a und b bekannt. Außerdem kennt man jetzt auch den mit dem Teildreieck gemeinsamen Winkel γ. sws
Das Dreieck ABC ist daher eindeutig bestimmt.

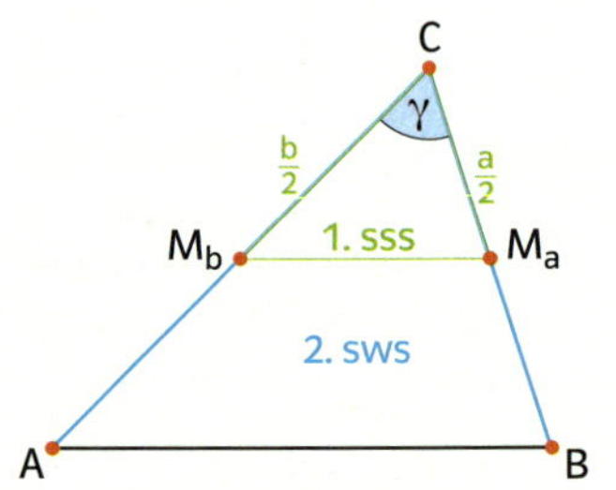

25 – 20 Punkte	19 – 13 Punkte	unter 13 Punkte
sehr gut bis gut	befriedigend bis ausreichend	nicht mehr ausreichend

Kapitel 10: Vierecke

1 Vierecksarten: Quadrate, Rechtecke, Parallelogramme, Rauten, Trapeze, … Seite 92
Alle genannten Vierecksarten sind konvex.

2 Drei Vierecke: $ABCD_1$, AD_2BC und ABD_3C.
Der vierte Eckpunkt darf nicht auf den Seiten oder innerhalb des Dreiecks ABC liegen.

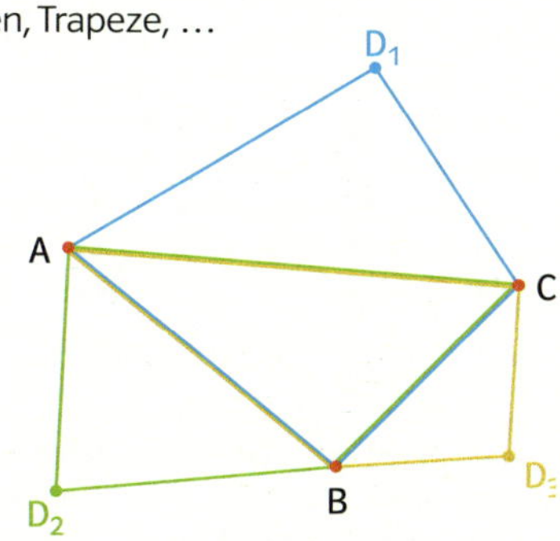

3 a) ① Die Diagonale f unterteilt die Raute in die beiden Dreiecke ABD und BCD. Seite 93
② Im Dreieck ABD sind die beiden Seiten $a = 4\,cm$ und der von ihnen eingeschlossene Winkel $\alpha = 50°$ bekannt (sws).
③ Im Teildreieck BCD sind die Seiten a und nun auch die Diagonale f bekannt. (sss).
④ Weil beide Teildreiecke eindeutig bestimmt sind, so ist auch die Raute ABCD eindeutig festgelegt.

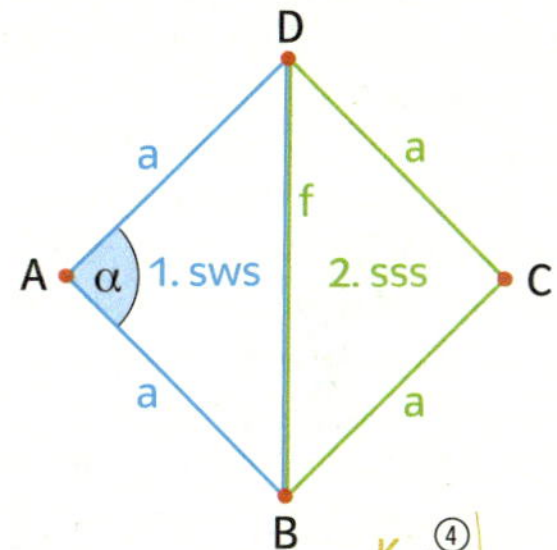

b) ① Zeichne die Grundseite $a = \overline{AB} = 4\,cm$.
② Trage in A an a den freien Schenkel s unter $\alpha = 50°$ ab.
③ Der Kreisbogen K_A um A vom Radius $r = a = 4\,cm$ schneidet s im Eckpunkt D.
④ Die Kreisbögen K_B und K_D vom gleichen Radius $r = a = 4\,cm$ schneiden sich im Eckpunkt C.

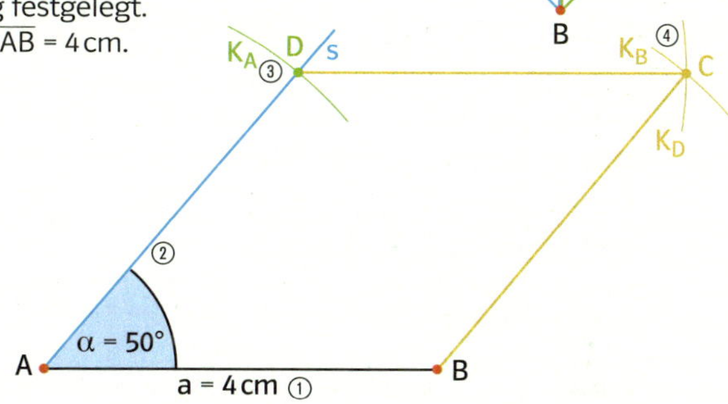

c) $h_a = 3{,}1\,cm$; $e = 7{,}3\,cm$; $f = 3{,}4\,cm$
1. Rechnung: $A = a \cdot h_a = 4\,cm \cdot 3{,}1\,cm = 12{,}4\,cm^2$;
2. Rechnung: $A = \frac{1}{2} e \cdot f = \frac{1}{2} \cdot 7{,}3\,cm \cdot 3{,}4\,cm = 12{,}4\,cm^2$

4 a) ① Die Diagonale $e = \overline{AC}$ teilt das Rechteck in die beiden Teildreiecke ABC und ACD. Seite 95
② Im Teildreieck ABC kennt man die Seitenlängen $a = 4\,cm$ und $e = 7\,cm$, sowie die Winkelgröße $\beta = 90°$ (Sws).
③ Im Teildreieck ACD kennt man die Seitenlängen $c = a$ und e und jetzt auch $d = b$ (sss).
④ Das Rechteck ABCD ist insgesamt eindeutig bestimmt.

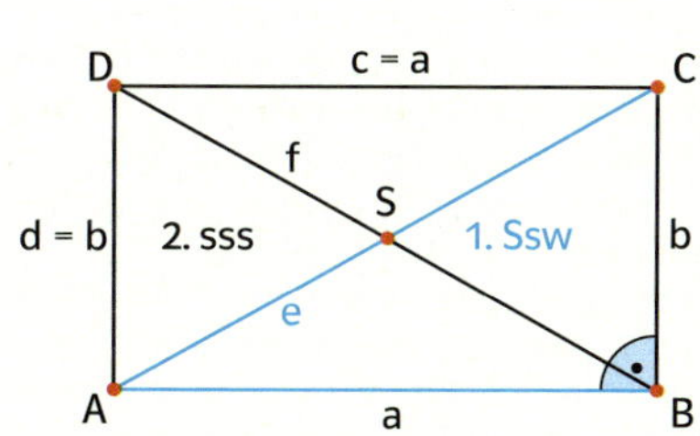

b) ① Zeichne die Grundseite $a = \overline{AB} = 5\,cm$ und verlängere sie über B hinaus zur Halbgeraden s.
② Errichte auf s in B das Lot ℓ.
③ Der Kreisbogen $K_{A'}$ um A vom Radius $r = e = 7\,cm$ schneidet ℓ im Eckpunkt C.
④ Die Kreisbögen K_A um A vom Radius $r = b$ und K_C um C vom Radius $r = a$ schneiden sich im vierten Eckpunkt D.

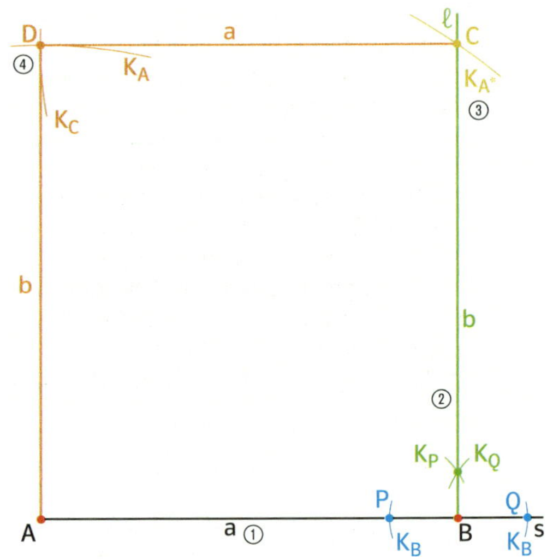

5 a) 1. Es ist zu zeigen, dass die beiden Teildreiecke ABC und ABD kongruent sind:
① AB ist gemeinsame Seite beider Teildreiecke.
② $|BC| = |AD|$, denn gegenüberliegende Seiten sind gleich lang.
③ $\beta = \alpha = 90°$ sind Innenwinkel des Rechtecks.
④ ABC und ABD sind kongruent (sws), daher gilt auch $e = |AC| = |BD| = f$.
2. Es ist zu zeigen, dass die beiden Teildreiecke ABS und CDS kongruent sind:
① $|AB| = |CD|$, denn gegenüberliegende Seiten sind gleich lang.
② $\sphericalangle BAC = \sphericalangle DCA$, denn Wechselwinkel an Parallelen sind gleich groß.
③ $\sphericalangle ABD = \sphericalangle CDB$ sind ebenfalls Wechselwinkel an den Parallelen $\overline{AB}$ und $\overline{CD}$.
④ ABS und CDS sind kongruent (wsw), daher gilt $|AS| = \frac{e}{2} = |CS|$ und $|BS| = \frac{f}{2} = |DS|$.
b) Behauptung 1 gilt nicht für Rauten, denn bei Rauten sind benachbarte Innenwinkel nicht notwendig gleich groß (→ Punkt ③ des Beweises zu Teil a)).
Behauptung 2 gilt auch für Rauten, denn bei Rauten sind gegenüberliegende Seiten ebenfalls gleich lang und parallel.

Seite 96

6 a) Für diese Konstruktion ist von Bedeutung, dass sich die Diagonalen e und f gegenseitig halbieren.
① Zeichne die Grundseite $a = \overline{AB} = 4\,cm$.
② Die Kreisbögen K_A um A vom Radius $r = \frac{e}{2} = 3\,cm$ und K_B um B vom Radius $r = \frac{f}{2} = 2\,cm$ schneiden sich im Schnitt- und Halbierungspunkt S.

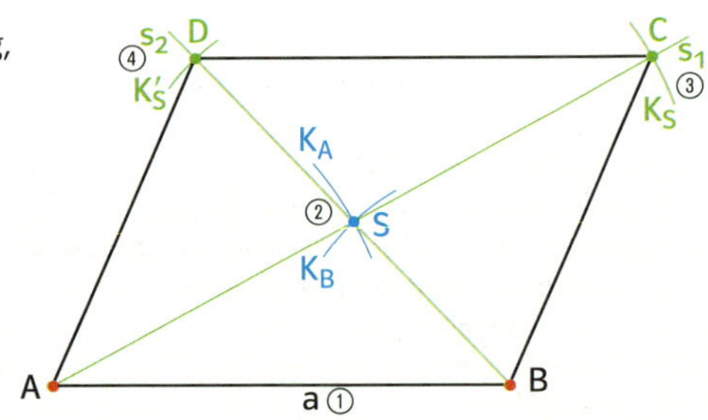

③ Zeichne die Halbgeraden s_1 von A aus über S hinaus. Der Kreisbogen K_S um S vom Radius $r = \frac{e}{2} = 3\,cm$ schneidet s_1 im Punkt C.
④ Ebenso schneidet K'_S mit $r = \frac{f}{2}$ die Halbgerade s_2 in D.
b) Höhe: $h_a = 2{,}9\,cm$; Flächeninhalt: $A = a \cdot h_a = 4\,cm \cdot 2{,}9\,cm = 11{,}6\,cm^2$
c) ① Betrachte die Winkel $\alpha_1 = \sphericalangle BAC$ und $\gamma_1 = \sphericalangle ACD$. α_1 und γ_1 sind Wechselwinkel an den Parallelen $\overline{AB}$ und $\overline{CD}$ und sind deshalb gleich groß.
② Betrachte die Winkel $\alpha_2 = \sphericalangle DAC$ und $\gamma_2 = \sphericalangle ACB$. α_2 und γ_2 sind Wechselwinkel an den Parallelen $\overline{AD}$ und $\overline{BC}$ und sind deshalb gleich groß.
③ Folglich gilt die Innenwinkelbeziehung $\alpha = \alpha_1 + \alpha_2 = \gamma_1 + \gamma_2 = \gamma$, was zu zeigen war.

7 Bei einem symmetrischen Trapez ist die gemeinsame Mittelsenkrechte der beiden parallelen Seiten eine Symmetrieachse. Daraus folgt:
1. $\alpha = \beta$; 2. $\gamma = \delta$; 3. gleich lange Schenkel: $b = d$; 4. gleich lange Diagonalen: $e = f$
① Übertrage die Länge der Diagonale e auf den Zirkel und zeichne den Kreisbogen K_B um B vom Radius $r = f = e$.
② Übertrage die Länge des Schenkels b auf den Zirkel und zeichne den Kreisbogen K_A um A vom Radius $r = d = b$.
③ K_A und K_B schneiden sich im gesuchten Eckpunkt D.

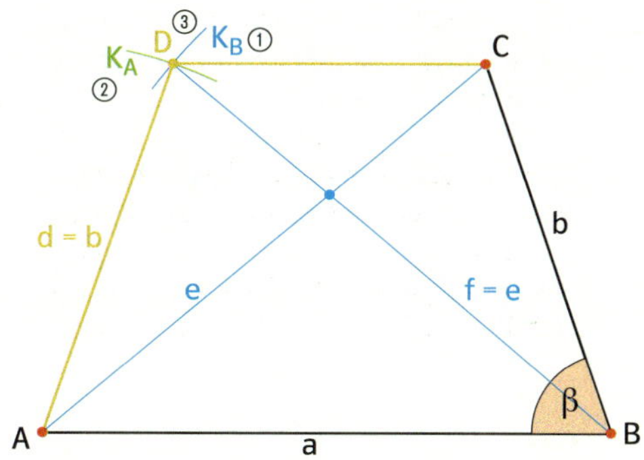

8 a) ① Zeichne die Grundseite $f = \overline{BD} = 4\,cm$.
② Weil e durch f im Verhältnis 2:1 geteilt wird, muss f durch e halbiert werden! Mithilfe der Kreisbögen K_B und K_D vom gleichen Radius wird auf f die Mittelsenkrechte errichtet, die f im Punkt S halbiert.
③ Die Kreisbögen K'_B vom Radius $r = a = 5\,cm$ und K_S vom Radius $r = \frac{2}{3}e = 4\,cm$ schneiden sich im Eckpunkt A.
④ Verlängere die Verbindung von A nach S über S hinaus zur Halbgeraden s. Der Kreisbogen K'S vom Radius $r = \frac{1}{3}e = 2\,cm$ schneidet s im Eckpunkt C.

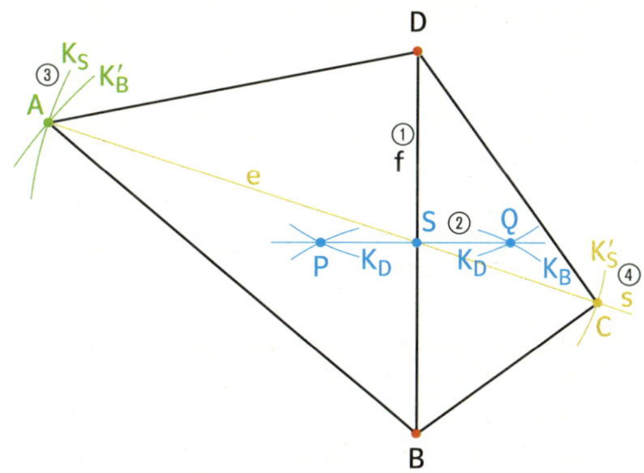

b) Bei einem symmetrischen Drachen ist eine der Diagonalen, z.B. e, eine Symmetrieachse. Daraus folgt: 1. e halbiert die Winkel α und γ; 2. $\beta = \delta$; 3. $a = d$; 4. $b = c$; 5. f steht senkrecht auf e.

9 a) ① Verbinde A und C mit dem Mittelpunkt M. Seite 96
② Die Mittelpunktswinkel β' und δ' ergeben zusammen 360°.
③ Die Umfangswinkel $\beta = \frac{\beta'}{2}$ und $\delta = \frac{\delta'}{2}$ sind jeweils halb so groß wie die entsprechenden Mittelpunktswinkel.
④ Somit folgt:
$$\beta + \delta = \frac{\beta'}{2} + \frac{\delta'}{2} = \frac{\beta' + \delta'}{2} = \frac{360°}{2} = 180°$$
⑤ Für α und γ wird der Beweis in gleicher Weise geführt.

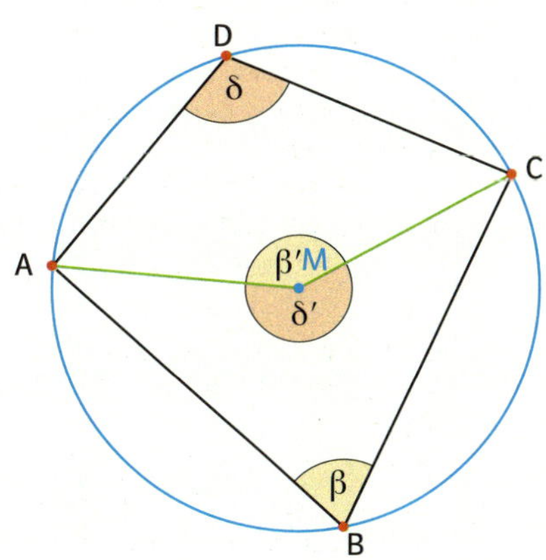

b) ① Verbinde A, B, C und D mit dem Mittelpunkt M. So entstehen vier gleichschenklige Teildreiecke mit dem gemeinsamen Schnittpunkt M der Schenkel, die alle die Länge r haben.
② In jedem dieser vier Teildreiecke ist die Mittelsenkrechte auf der entsprechenden Basis, d.h. auf einer Viereckseite, auch eine Symmetrieachse, die somit zwangsläufig durch M verläuft.

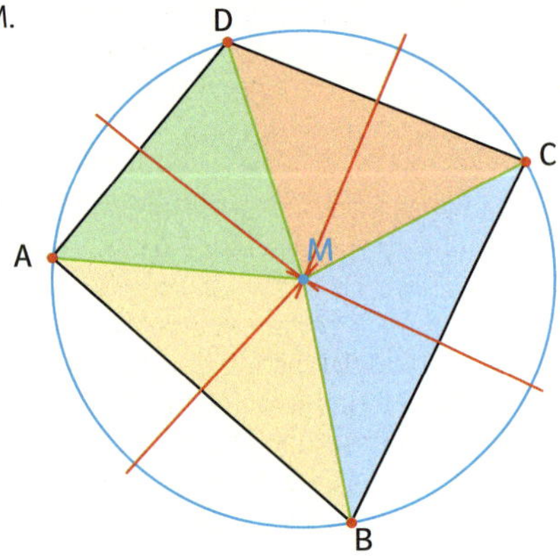

10 a) ① Die Kreisbögen K_A und K_B vom gleichen Radius um A und B schneiden sich in den Punkten P und Q. Durch P und Q verläuft die Mittelsenkrechte m_a der Trapezseite a, die gleichzeitig auch die Mittelsenkrechte m_c der Seite c ist.
② Errichte ebenso die Mittelsenkrechten m_b und m_d auf den Trapezseiten b und d.
③ Weil $m_{a,c}$ die Symmetrieachse des symmetrischen Trapezes ist, müssen sich m_b und m_d in einem gemeinsamen Punkt auf $m_{a,c}$ (eben dem Mittelpunkt M des Umkreises) schneiden.

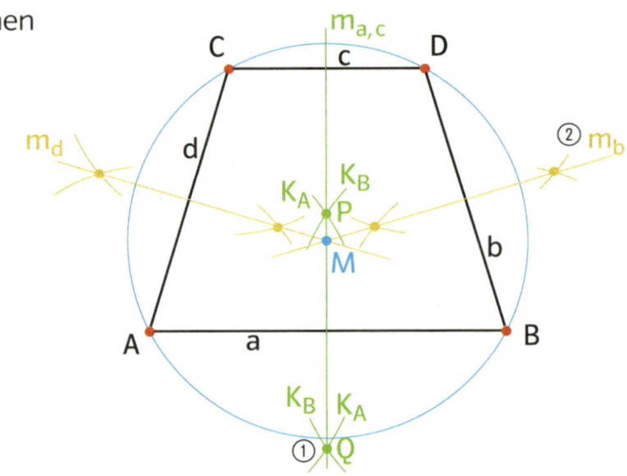

Man kann jedes symmetrische Trapez als Sehnenviereck betrachten, weil die Konstruktion des Trapez-Umkreises nicht von den speziellen Maßen des gegebenen Trapezes abhängt, wie sich aus der obigen Konstruktion ergibt. Der gemeinsame Schnittpunkt aller Mittelsenkrechten ist vielmehr eine direkte Folge der Symmetrieeigenschaften eines beliebigen symmetrischen Trapezes.

Seite 97 11 a) ① Bezeichne die Berührpunkte des Inkreises mit den vier Seiten als T_a, T_b, T_c und T_d. Sie unterteilen die Seiten in $a = a_1 + a_2$, u.s.w.
② Das Viereck zerfällt in vier symmetrische Drachen, z.B. AT_aMT_d, u.s.w. Die Symmetrie der Drachen folgt aus den gleich langen Seiten r und den beiden rechten Winkeln an den Berührpunkten.
③ Folglich gilt: $d_2 = a_1$, $a_2 = b_1$, $b_2 = c_1$ und $c_2 = d_1$.
④ Für die Summe der Längen zweier gegenüberliegender Seiten folgt dann:

$$
\begin{aligned}
a + c &= (a_1 + a_2) + (c_1 + c_2) \\
&= (d_2 + b_1) + (b_2 + d_1) \\
&= (b_1 + b_2) + (d_1 + d_2) = b + d
\end{aligned}
$$

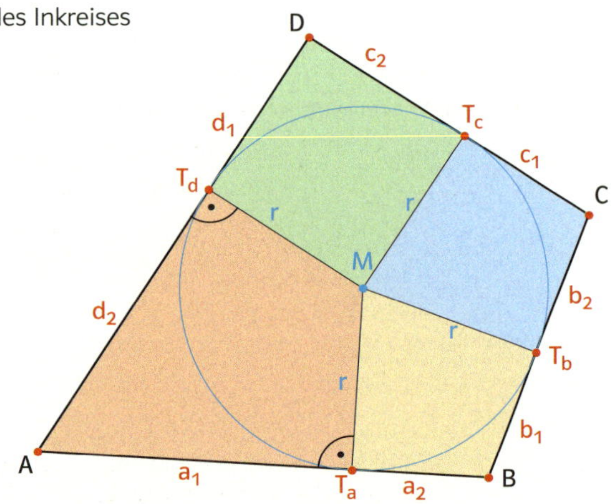

b) ① Man geht von den vier symmetrischen Drachen aus, die bereits in Teilaufgabe a) beschrieben wurden.
② Jede Diagonale dieser Drachen, die zugleich auch Symmetrieachse ist, kann zur Winkelhalbierenden w_α, w_β, w_γ oder w_δ verlängert werden.
③ Folglich schneiden sich alle Winkelhalbierenden im gemeinsamen Drachen-Eckpunkt, dem Mittelpunkt M des Inkreises.

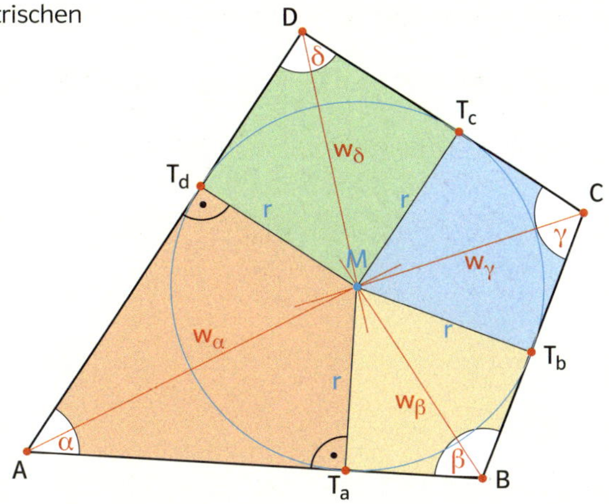

Training plus

Seite 98

91 a) Bei einem konvexen Viereck verlaufen beide Diagonalen innerhalb der Figur.
b) Bei einem konkaven Viereck verläuft eine Diagonale außerhalb der Figur.

92 1. **wahr**, denn jedes Quadrat besitzt vier gleich lange Seiten.
2. **wahr**, denn in jedem Rechteck verlaufen gegenüberliegende Seiten parallel.
3. **falsch**, denn benachbarte Seiten eines Parallelogramms sind nicht unbedingt gleich lang.
4. **wahr**, denn in jedem Parallelogramm wird (sogar) jede Diagonale durch die andere halbiert.
5. **falsch**, denn die zwei gleich großen gegenüberliegenden Winkel ergeben zusammen nicht unbedingt 180°.

93 a) Ein Rechteck ist ein Viereck mit vier gleich großen, das heißt rechten Innenwinkeln.
b) Ein Trapez ist ein Viereck, bei dem ein Paar gegenüberliegender Seiten parallel verläuft.
c) Ein Tangentenviereck ist ein Viereck, bei dem alle vier Seiten von einem Inkreis berührt werden.

94 ☒ Quadrat ☐ symmetrisches Trapez ☐ Parallelogramm
☐ Raute ☒ Rechteck ☐ symmetrischer Drachen

95 Umfang: $u = 4a = 4 \cdot 5\,\text{cm} = 20\,\text{cm}$; Flächeninhalt: $A = \frac{1}{2}e \cdot f = \frac{1}{2} \cdot 8\,\text{cm} \cdot 6\,\text{cm} = 24\,\text{cm}^2$

96 Quadrat, Raute und symmetrischer Drachen; Flächeninhaltsformel: $A = \frac{1}{2}e \cdot f$

97 Wenn ein Trapez einen Umkreis besitzt, ist es ein **symmetrisches Trapez**.

98 Wenn ein Drachen einen Inkreis besitzt, ist er ein **symmetrischer Drachen**.

99 Wenn sich in einem Viereck gegenüberliegende Winkel zu 180° addieren, dann spricht man von **Sehnenvierecken**. Beispiele hierfür sind das Quadrat, das Rechteck und das symmetrische Trapez.

Abschlusstest

Seite 99

1 a) ① Zeichne die Grundseite $a = \overline{AB} = 4{,}5\,\text{cm}$.
② Zeichne in A an a den freien Schenkel s unter dem Winkel $\alpha = 180° - \beta = 55°$.
③ Der Kreisbogen K_B um B vom Radius $r = f = 5\,\text{cm}$ schneidet s im Eckpunkt D.
④ Die Kreisbögen K_B' um B vom Radius $r = b$ und K_D um D vom Radius $r = a$ schneiden sich im Eckpunkt C

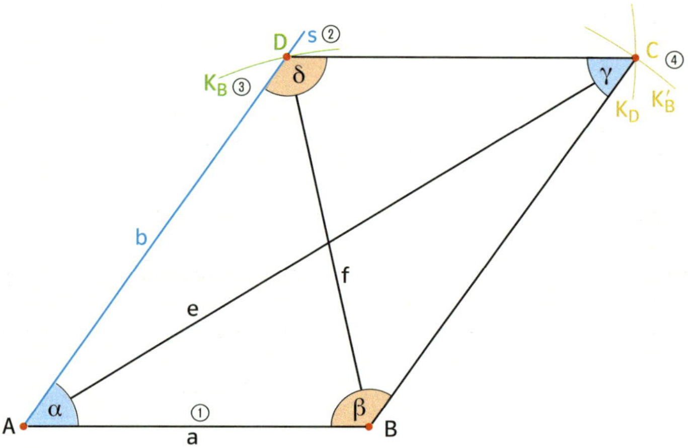

b) $b = 6\,cm$; $e = 9{,}4\,cm$; $h_a = 4{,}9\,cm$; $\gamma = \alpha = 55°$; $\delta = \beta = 125°$;
$A = a \cdot h_a = 4{,}5\,cm \cdot 4{,}9\,cm = 22{,}1\,cm^2$

2 a) ① Zeichne die Grundseite $f = \overline{BD} = 5\,cm$.
② Die Kreisbögen K_B um B und K_D um D vom gleichen Radius $r = a = 6\,cm$ schneiden sich im Eckpunkt A.
③ Ebenso findet man den Eckpunkt C als Schnittpunkt der Kreisbögen K'_B und K'_D vom gleichen Radius $r = b = 3\,cm$.
④ Die Diagonale e ist Symmetrieachse und halbiert deshalb die Winkel α und γ.

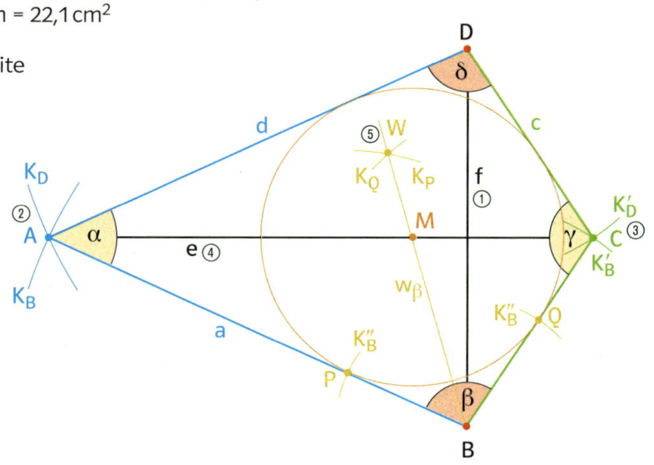

⑤ Die Winkelhalbierende w_β wird mithilfe der Kreisbögen K''_B, K_P und K_Q bestimmt und schneidet e im Mittelpunkt M des Inkreises.

b) Besitzt ein symmetrischer Drachen auch einen Umkreis, so ist er ein Sehnenviereck, in dem sich gegenüberliegende Winkel zu 180° ergänzen müssen. Daraus folgt für die gleich großen Winkel β und δ, dass sie beide 90° messen müssen. Anders gesagt: Der Umkreis ist dann der Thaleskreis der Diagonalen e.

3 a) Ein Rechteck ist ein Parallelogramm mit zwei gleich langen Diagonalen/vier gleich großen Innenwinkeln.
b) Ein Quadrat ist eine Raute mit zwei gleich langen Diagonalen/vier gleich großen Innenwinkeln.
c) Ein Parallelogramm ist ein Drachen, bei dem sich beide Diagonalen gegenseitig halbieren.

25 – 20 Punkte	19 – 13 Punkte	unter 13 Punkte
sehr gut bis gut	befriedigend bis ausreichend	nicht mehr ausreichend

Formelsammlung

Kapitel 1: Prozentrechnung und Promillerechnung

Prozentrechnung		Promillerechnung	
relativer Anteil r	$r = \frac{W}{G} = \frac{p}{100}$	relativer Anteil r	$r = \frac{W}{G} = \frac{p}{1000}$
Prozentzahl p	$p = \frac{W}{G} \cdot 100$	Promillezahl p	$p = \frac{W}{G} \cdot 1000$
Prozentsatz	$p\%$: $p\% = \frac{p}{100}$	Promillesatz	$p‰ = \frac{p}{1000}$
Prozentwert	$W = \frac{p}{100} \cdot G$	Promillewert	$W = \frac{p}{1000} \cdot G$
Grundwert	$G = \frac{100}{p} \cdot W$	Grundwert	$G = \frac{1000}{p} \cdot W$

Kapitel 2: Zinsrechnung

Begriffsbildung aus der Prozentrechnung	Grundwert G → Kapital K Prozentwert W → Jahreszinsen Z Prozentzahl p → Zinszahl p Prozentsatz p% → Zinssatz p%
Zinszahl	$p = \frac{Z}{K} \cdot 100 \rightarrow$ Zinssatz: $p\% = \frac{p}{100}$
Jahreszinsen	$Z = \frac{p}{100} \cdot K$
Monatszinsen	$Z_m = \frac{p}{100} \cdot K \cdot \frac{m}{12}$; mit $m = 1; 2; \ldots; 11$
Tageszinsen	$Z_t = \frac{p}{100} \cdot K \cdot \frac{t}{360}$; mit $t = 1; 2; \ldots; 359$
Kapital	$K = \frac{100}{p} \cdot Z$
Zinseszinsen	$K_n = K_0 \cdot q^n$; mit dem Zinsfaktor $q = 1 + \frac{p}{100}$

Kapitel 3: Rechengesetze für Terme

Kommutativgesetze	$a + b = b + a$ $a \cdot b = b \cdot a$
Potenzgesetze	$a^n \cdot a^m = a^{n+m}$ $a^n : a^m = a^{n-m}$ $a^n \cdot b^n = (a \cdot b)^n$ $a^n : b^n = (a : b)^n$, mit $b \neq 0$
Assotiativgesetze	$(a + b) + c = a + (b + c)$ $(a \cdot b) \cdot c = a \cdot (b \cdot c)$
Distributivgesetze	$a \cdot (x \pm y) = a \cdot x \pm a \cdot y$ $(x \pm y) : a = x : a \pm y : a$ z.B.: Auflösen einer Klammer oder Faktorisieren
Multiplikation zweier Klammerterme	$(a + b) \cdot (x + y) = ax + ay + bx + by$
binomische Formeln	1. $(a + b)^2 = (a + b) \cdot (a + b) = a^2 + 2ab + b^2$ 2. $(a - b)^2 = (a - b) \cdot (a - b) = a^2 - 2ab + b^2$ 3. $(a + b) \cdot (a - b) = a^2 - b^2$

Kapitel 4 und 5: Lineare Gleichungen und Ungleichungen

Aussage	wahre oder falsche (Un-)Gleichungen ohne Variable
Aussageform	(Un-)Gleichung mit (mindestens) einer Variablen
Grundmenge	Menge aller zulässigen Werte einer (Un-)Gleichungsvariablen
Lösungsmenge	Menge alle Elemente der Grundmenge, durch die eine (Un-)Gleichung zu einer wahren Aussage wird
lineare (Un-)Gleichung	Die Variable, z.B. x, darf nur in der ersten Potenz auftreten, allgemeines Schema: $ax + b = cx + d$, $ax + b > cx + d$, usw.
Äquivalenz-umformung	Umformung einer (Un-)Gleichung, durch die ihre Lösungsmenge nicht verändert wird, z.B. die Addition derselben Zahl auf beiden (Un-)Gleichungsseiten
Besonderheit bei Ungleichungen	Bei der Multiplikation beider Seiten mit einer negativen Zahl dreht sich das Relationszeichen um. Bei der Division beider Seiten durch eine negative Zahl dreht sich das Relationszeichen um.

Kapitel 6: Lineare Funktionen

Funktion	Zuordnung, bei der jedem Element x der Definitionsmenge D genau ein Element y der Wertemenge W zugeordnet wird
lineare Funktion	$f(x) = mx + b \Leftrightarrow$ Geradengleichung: $y = mx + b$
Steigungsfaktor m	$m = \frac{y_2 - y_1}{x_2 - x_1}$ (Bestimmung aus einem Steigungsdreieck) $m > 0 \Rightarrow$ steigende Gerade $m = 0 \Rightarrow$ waagerechte Gerade $m < 0 \Rightarrow$ fallende Gerade
Achsenabschnitt b	Schnittpunkt $(0\,\vert\,b)$ der Geraden mit der y-Achse Sonderfall $b = 0$: proportionale Funktion $f(x) = mx \Leftrightarrow$ Ursprungsgerade $y = mx$

Kapitel 7: Dreiecke und ihre Eigenschaften

Innenwinkelsummensatz	In jedem Dreieck gilt $\alpha + \beta + \gamma = 180°$.
spitzwinkliges Dreieck	$\alpha < 90°$ und $\beta < 90°$ und $\gamma < 90°$
rechtwinkliges Dreieck	$\alpha = 90°$ oder $\beta = 90°$ oder $\gamma = 90°$
stumpfwinkliges Dreieck	$\alpha > 90°$ oder $\beta > 90°$ oder $\gamma > 90°$
gleichschenkliges Dreieck	Die Mittelsenkrechte auf einer Seite (Basis) ist Symmetrieachse $\Rightarrow$ Die beiden anderen Seiten (Schenkel) sind gleich lang. $\Rightarrow$ Es gibt zwei gleich große Innenwinkel (Basiswinkel).
gleichseitiges Dreieck	drei gleich lange Seiten und $\alpha = \beta = \gamma = 60°$
Mittelsenkrechte	Die drei Mittelsenkrechten m_a, m_b und m_c schneiden sich stets in einem Punkt, dem Mittelpunkt M des Dreieck-Umkreises.
Seitenhalbierende	Die drei Seitenhalbierenden s_a, s_b und s_c schneiden sich stets in einem Punkt, dem Schwerpunkt S des Dreiecks.
Höhe	Die drei Höhen h_a, h_b und h_c schneiden sich stets in einem Punkt H.

Winkelhalbierende	Die drei Winkelhalbierenden w_α, w_β und w_γ schneiden sich stets in einem Punkt, dem Mittelpunkt W des Dreieck-Inkreises.
Umfang	$u = a + b + c$
Flächeninhalt	$A = \frac{1}{2} a \cdot h_a$ oder $A = \frac{1}{2} b \cdot h_b$ oder $A = \frac{1}{2} c \cdot h_c$; bzw. $A = \frac{1}{2} g \cdot h$ mit $g \triangleq$ Grundseite und $h \triangleq$ Höhe über der Grundseite

Kapitel 8: Geraden und Winkel am Kreis

Passante	eine Gerade, die außerhalb eines Kreises verläuft
Tangente	eine Gerade, die einen Kreis in genau einem Punkt T berührt
Sekante	eine Gerade, die einen Kreis in zwei Punkten schneidet
Sehne	Die Sehne wird von den beiden Schnittpunkten begrenzt. Sehnen, die den Kreismittelpunkt enthalten, sind **Durchmesser**.
Mittelpunktswinkel	Die beiden Radien, die von den Endpunkten eines Kreisbogens ausgehen, schließen den Mittelpunktswinkel α ein.
Umfangswinkel	Die beiden Verbindungsstrecken von den Endpunkten eines Kreisbogens zu einem Peripheriepunkt des Ergänzungsbogens schließen dort einen Umfangswinkel β ein.
Umfangswinkelsatz	Zu einem bestimmten Kreisbogen sind alle Umfangswinkel gleich groß: $\beta_1 = \beta_2 = \beta_3 = \ldots$
Mittelpunkts-winkelsatz	Der Mittelpunktswinkel ist stets doppelt so groß wie ein zugehörender Umfangswinkel: $\alpha = 2\beta_1 = 2\beta_2 = 2\beta_3 = \ldots$
Thaleskreis der Strecke $\overline{AB}$	Kreis K′ um den Mittelpunkt M der Strecke $\overline{AB}$, der die Punkte A und B enthält.
Satz des Thales	Ein Dreieck ABC besitzt genau dann einen rechten Winkel bei C, wenn C auf dem Thaleskreis K′ von $\overline{AB}$ liegt.

Kapitel 9: Konstruktion von Dreiecken

Kongruenzabbildungen	Verschiebungen, Achsen- und Punktspiegelungen, Drehungen und alle hieraus zusammengesetzten Abbildungen
Dreiecke lassen sich unter Anwendung eines der folgenden Kongruenzsätze stets eindeutig konstruieren:	
Kongruenzsatz sss	Kenntnis der Dreieckseiten a, b und c und Erfüllung der Dreiecksungleichungen: $a + b > c$, $b + c > a$ und $c + a > b$
Kongruenzsatz sws	Kenntnis zweier Dreieckseiten und des von ihnen eingeschlossenen Winkels: a, γ, b oder b, α, c oder c, β, a
Kongruenzsatz Ssw	Kenntnis zweier Dreieckseiten und des Winkels, der der größeren der beiden Seiten gegenüber liegt, z.B. a, b, α für $a > b$
Kongruenzsatz wsw	Kenntnis einer Dreieckseite und der beiden anliegenden Winkel: β, a, γ oder γ, b, α oder α, c, β
Kongruenzsatz sww	Kenntnis einer Dreieckseite, eines anliegenden und des gegenüberliegenden Winkels, z.B. β, a, α (sww kann stets auf wsw zurückgeführt werden)

Kapitel 10: Vierecke

Quadrat	vier gleich lange Seiten und vier gleich große Innenwinkel Umfang $u = 4a$ Flächeninhalt $A = a^2 = \frac{1}{2}e \cdot f = \frac{1}{2}e^2$
Rechteck	vier gleich große Innenwinkel; $u = 2(a + b)$; $A = a \cdot b = \frac{1}{2}e \cdot f = \frac{1}{2}e^2$
Raute	vier gleich lange Seiten; Umfang $u = 4a$ Flächeninhalt $A = a \cdot h_a = \frac{1}{2}e \cdot f$
Parallelogramm	Die beiden Paare gegenüberliegender Seiten sind parallel. Umfang $u = 2(a + b)$ Flächeninhalt $A = a \cdot h_a$
Trapez	Ein Paar gegenüberliegender Seiten ist parallel. Umfang $u = a + b + c + d$ Flächeninhalt $A = \frac{a + c}{2} \cdot h_a$ für $a \parallel c$ Beim **symmetrischen Trapez** ist die gemeinsame Mittelsenkrechte auf den parallelen Seite eine Symmetrieachse.

Drachen	Eine der Diagonalen wird durch die andere halbiert. Umfang $u = a + b + c + d$; Beim **symmetrischen Drachen** schneiden sich die Diagonalen senkrecht. Umfang $u = 2(a + b)$; Flächeninhalt $A = \frac{1}{2} e \cdot f$
Sehnenviereck	Es gibt einen Umkreis, auf dem die vier Eckpunkte liegen; $\alpha + \gamma = \beta + \delta = 180°$.
Tangentenviereck	Es gibt einen Inkreis, der von den vier Seiten berührt wird; $a + c = b + d$.

Stichwortverzeichnis